基于多波长光谱辐射火箭发动机燃气温度测试

胡松启　马仕才　陈　雨　　　著
徐　萍　刘林林

U0262522

西北工业大学出版基金资助

科学出版社

北　京

内 容 简 介

基于多波长光谱辐射燃气温度测试方法是一种非接触式、可测极高温度的测温方法。本书详细介绍基于普朗克定理的多波长光谱辐射火箭发动机燃气温度测试原理、温度测试系统设计与搭建、温度测试系统标定、充气与非充气两种测温发动机内流场仿真、不同配方推进剂在发动机内燃气温度测量、测温数据处理软件等。

本书主要供理工类高等院校本科及研究生教学使用，亦可供相关专业的科研和技术人员参考。

图书在版编目(CIP)数据

基于多波长光谱辐射火箭发动机燃气温度测试/胡松启等著. —北京：
科学出版社，2023.3
ISBN 978-7-03-051647-3

Ⅰ. ①基… Ⅱ. ①胡… Ⅲ. ①固体推进剂火箭发动机–发动机试验 Ⅳ. ①V435

中国版本图书馆 CIP 数据核字(2017)第 009128 号

责任编辑：于海云 / 责任校对：郑金红
责任印制：张　伟 / 封面设计：迷底书装

科学出版社 出版
北京东黄城根北街 16 号
邮政编码：100717
http://www.sciencep.com
北京虎彩文化传播有限公司 印刷
科学出版社发行　各地新华书店经销
*
2023 年 3 月第 一 版　　开本：787×1092　1/16
2023 年 3 月第一次印刷　　印张：11 3/4
字数：280 000

定价：98.00 元
(如有印装质量问题，我社负责调换)

前　言

火箭发动机内燃气温度是发动机热结构设计和推进剂燃烧机理研究的重要指标参数。燃气温度可为掌握推进剂燃烧物理化学过程、建立推进剂燃烧模型、调节推进剂配方提供指导，同时，燃气温度也是影响发动机内绝热层烧蚀性能的重要参数，为发动机内热结构设计提供依据。

当前国内外对于燃气温度的测量，传统上采用热电偶法和红外测温法进行测试。但是常用的热电偶法可测温度小于2300℃，红外测温法可测温度小于2500℃，无法满足高能推进剂燃气温度高达4000℃的测试需求，故急需发展能准确测量高温燃气温度的方法与装置。近年发展的非接触测温方法理论测温上限很高，响应速度极快，不干扰流场，因此，在解决高温测量中受到广泛的关注，特别是在火焰温度的测量方面得到了很好的应用。基于普朗克定理的多波长光谱辐射燃气温度测试方法是近年发展迅速的一种非接触式测温方法，它的基本原理是将温度场测试得到的实测光强-波长曲线与数据库中修正的基于普朗克定理的光强-波长曲线进行对比，吻合度最高的曲线所对应的温度即温度场燃气最高温度。

本书共13章。第1章介绍国内外火箭发动机燃气温度测量背景及研究现状；第2章介绍温度测量基础；第3章介绍多波长光谱辐射燃气温度测试；第4章介绍多波长光谱辐射燃气温度测试系统组成；第5章介绍燃气温度测试系统标定及测量验证；第6章介绍燃气温度测试系统校准；第7章介绍非充气式测温系统设计及流场仿真；第8章介绍非充气式火箭发动机燃烧室燃气温度测试；第9章介绍充气式测温系统设计与流场仿真；第10章介绍热电偶测温系统；第11章介绍充气式火箭发动机燃烧室燃气温度测试；第12章介绍燃温测试结果重现性与相关性分析；第13章介绍燃温测试软件及操作范例。

限于作者的水平和经验，在本书内容取舍、编排和观点阐述等方面的不足在所难免，恳请同行、专家和读者批评、指正。

作　者

2022年10月

目　　录

第1章 绪 论

火箭发动机是利用反作用产生推力的喷气推进动力装置，是各类火箭、导弹和航天器最主要的动力来源[1]。按发动机中初始能源类型的不同，可分为化学火箭发动机、核能火箭发动机、电能火箭发动机和太阳能火箭发动机等[2]。其中，化学火箭发动机按推进剂的物态又可分为固体火箭发动机和液体火箭发动机。相比于液体火箭发动机，固体火箭发动机具有体积小、结构简单、工作可靠、操作方便、使用安全和能够长期储存等优点，因而广泛应用于航天、国防等领域。因为固体火箭发动机的广泛应用，对其性能要求也越来越高。

燃烧温度是影响固体推进剂能量大小的重要因素。比冲是固体推进剂以及固体火箭发动机的能量特性参数，也是评定火箭发动机性能的重要参考指标，比冲与燃烧温度的平方根成正比，提高比冲的主要途径之一是选择高能推进剂，提高燃烧温度。固体推进剂的燃烧是一种剧烈发光发热的物理化学过程，固体推进剂燃烧温度及其分布是燃烧诊断实验的主要任务之一[3]，可用于预测推进剂燃烧中的化学物理过程，增强对推进剂燃烧机理的认识，为固体推进剂燃烧过程的数学建模、固体推进剂配方调节提供参考依据[4]。

另一方面，固体推进剂燃烧温度可为火箭发动机结构设计提供指导。推进剂燃烧产生的燃气，其温度可以表征燃烧室内流场及发动机羽流的特征，为发动机内弹道性能预测提供参考，也可作为发动机内流场数值仿真正确与否的判断依据，对改进发动机结构设计和减弱红外辐射信号有着重要的指导意义。

同时，推进剂燃烧温度也是火箭发动机热防护设计的重要参数。某些高能火箭发动机燃烧室中的燃气温度可达3500℃，高温燃气与壳体之间存在强烈的热量交换现象，为防止燃烧室壳体结构强度降低甚至出现损坏而影响发动机的结构完整性，需要在壳体内部喷覆绝热层；而喷管的热防护设计在于尽可能使喷管型面在发动机工作过程中不改变或少改变，使壳体壁面温度控制在允许范围内，起到绝热耐烧蚀的作用，因此需要选择有效的热防护材料。燃烧室的热防护设计直接影响到发动机的安全可靠性，而喷管的热防护设计则决定发动机的实际工作性能。推进剂燃烧温度可以作为绝热层烧蚀性能评价指标，为发动机绝热层优化设计提供参考依据。

固体推进剂的燃烧温度可以从三个方面进行测量，即固体推进剂在空气中的燃烧温度、在发动机腔体内的燃烧温度、发动机工过程中尾焰温度。受技术发展的限制，现有的测量结果可以溯源的测量方法和设备，只能进行固体推进剂在空气中的燃烧温度和发动机工作过程中尾焰温度的测量，但这两种测量结果无法真实反映发动机工作工程中的温度变化，且测量温度不能超过3000K。固体火箭发动机腔体内火焰燃烧状况比较复杂，是在高温、高压和很窄的空间中进行的高速化学反应，并涉及熔化、汽化、升华、分散、传热、扩散和流动物理过程；从点火到腔体内温度到达平衡态，初始工作时间较短，燃气温度变化呈现阶跃特性，从室温上升到三四千开尔文，只需几十毫秒，甚至几毫秒，现有的常规测量方法和设备很难满足温度测量的动态特性和测量范围需求，从温度测量的数据无法准确获取发动机腔体内燃气温度变化的全过程。

从比冲、发动机内弹道性能预测和热防护设计需求来看，所需的温度都是具有统计意义宏观的燃气温度，也就是体现燃气内能的温度，而燃烧过程中存在的极少数非平衡态分子、离子和电子所具有的温度既难于测量和评价，又对比冲、发动机内弹道性能预测和热防护影响很小。

以固体火箭发动机燃烧室燃气作为温度测量对象，开展基于统计意义宏观的推进剂燃烧温度测试，在不考虑散热损失的条件下，其测试结果能够比较真实反映发动机实际工作状态，为比冲设计、发动机内弹道性能预测提供依据，同时对于发动机结构设计、热防护设计具有很高的参考价值。进行高温燃气温度测量方法的研究，对提高我国固体火箭发动机设计水平，具有重大意义，同时应用到其他领域，也有广阔的应用前景。

因此，开展固体火箭发动机燃烧室燃气温度测量技术和测量方法研究具有极其重要的意义。

1.1　常用固体推进剂燃烧温度测量方法

绝大多数固体推进剂的火焰温度在 1000K 到 4000K 之间，燃烧室燃气温度呈现阶跃上升特征；燃烧室内还具有高压、多相流的特点，燃气具有一定流动动能，燃烧产物成分复杂。因此，受测量环境、测量条件以及测量范围的限制，对火箭发动机燃烧室燃气温度进行测试并具有较高测量准确性的测试方法并不多，尤其是针对燃烧在 2500K 以上固体火箭发动机的温度测试。

固体推进剂燃烧温度的测量一直是固体火箭发动机研究领域的热点。按照测量原理分类，可将燃烧温度测量方法分为接触式测温方法和非接触式测温方法，如图 1-1 所示[5-7]。

1.1.1　热电偶温度测量方法

由于热电偶温度计可以溯源到国家基准，量值传递可以保证，产品丰富，技术成熟，且测试成本相对较低，一直以来，在固体火箭发动燃气温度测试领域使用较为普遍，尤其是对于燃气温度在 2300℃ 以下的测试。

热电偶测温原理是基于热电效应[8]：两种不同的导体(或半导体)组成回路，两端相互连接时，只要两结点处的温度不同，回路中将产生一个电动势，电动势的大小和方向与导体的材料及两结点的温度有关，通过测量电动势的大小就可以实现测温的目的。

热电偶具有装置简单、可测得被测物体真温、精度高等优势，被广泛应用于固体粉尘、气体等环境下的温度测量[9-11]。但由于热电偶响应速度慢、测量温度上限低[12, 13]，这种方法的应用受到限制。

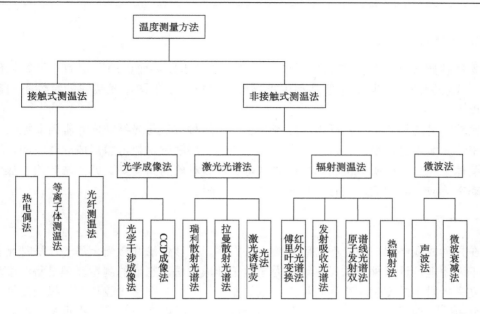

图 1-1　燃烧温度测量方法

　　采用钨铼热电偶进行测量，多次使用温度可到 2300℃，短期使用温度可达 2800℃。最高使用温度可到 3000℃。

　　但是对于高响应、高动态的固体火箭发动机燃气温度的测量存在如下问题。

　　(1) 发动机燃气产物复杂，有些成分对钨铼热电偶具有腐蚀作用，易污染。

　　(2) 要求热敏感头响应快，钨铼丝直径小，则强度低，易损坏。

　　(3) 测温上限无法满足高能推进剂燃气温度的测量。

　　(4) 温度转换为电信号值小，易受到测量现场的电磁干扰，尤其是工频干扰，在仪器的选用和现场布线上需要采取特殊措施。

1.1.2　其他温度测量方法

　　在固体推进剂燃烧温度的测量方法的应用上，热电偶测温结果可以溯源到国家基准，具有相当的测量准确性，从设备的可获得性和方法的可实现性方面具有优势；其他方法更多的是原理的探索与研究，其测量结果的准确性无法验证，设备不易获得，尤其是一些方法难于实现燃烧室燃气温度的测量，因此只作简单介绍。

1. 等离子体测温法

　　高温火焰中存在大量的离子和电子，整体表现为电中性，可以当作一种等离子体。在火焰中施加电场后，其中的离子和电子便会产生定向运动形成电流。电流大小与离子和电子的密度有关，离子和电子的密度随火焰温度变化[14]。因此，电流的大小可以反映火焰温度的变化，这就是等离子体测温法测量燃气温度的理论基础。

2. 光纤测温法

光纤传感技术是伴随着光导纤维和光纤通信技术发展而应用产生的一种新的传感技术。光纤测温法的基本原理是利用光导纤维材料温度不同，光传输的特性不同来测量温度[15]。

比较常见的是蓝宝石光纤黑体腔测温法[16]，这种方法将光纤技术和辐射测温技术结合起来，其实现过程是：将蓝宝石光纤的一端镀一层敏感材料薄膜形成黑体空腔，通过测量黑体空腔热平衡所产生的辐射能即可得到被测对象的温度[17]。此方法解决了热电偶测温动态响应差的问题，具有较高的温度测量上限。

3. 光学干涉成像法

在光学成像法中，激光散斑照相法、纹影法、干涉仪法和激光全息干涉法都是基于光的干涉原理，这几种方法又可统称为光学干涉成像法。它们的测量原理是将温度场中各处光谱折射率的变化转变为各种光参量的变化，并记录在感光胶片上，以便定性或定量地分析[18]。对于燃烧火焰而言，首先要测量火焰的折射率分布[19]，根据折射率和密度的正比关系，采用理想气体状态方程从密度场中获得所需的温度场数据。

4. CCD 成像法

计算机技术、光学技术和数学方法的高速发展，使得利用数字图像处理技术重建温度场成为可能：利用 CCD（电荷耦合器件）获取视频信号，经过图像卡量化处理后送入计算机，再由计算机进行相应的处理，最后获得温度分布的相关信息[20]。CCD 成像法的测温原理是基于 CCD 摄像所包含的色度信息和光谱辐射理论，具有耐灼伤、图像清晰度高、工作稳定可靠等优点[21]。但对于高温火焰，由于亮度太高，会导致部分色彩失真，影响测量结果。

5. 瑞利散射和拉曼散射光谱法

瑞利散射和拉曼散射是由分子的转动和振动能级改变产生的。频率为 v_0 的单色光入射到尺寸远小于波长的分子后，分子会产生频率为 $v_r = v_0 \pm \Delta v$ 散射光谱，通常采用可见光波段激光器实现这一过程。在散射光谱中，激发线处频率为 v_0 的弹性散射称为瑞利散射，频率与 v_0 不同的散射称为拉曼散射，拉曼散射的强度明显低于瑞利散射[3]。拉曼散射线与瑞利散射线之间的频率差与入射光频率无关，而与介质分子的振动、转动能级有关，与入射光强度和介质分子浓度成正比[22]。

瑞利散射的光谱强度正比于气体分子数密度，根据理想气体状态方程可知，密度是气体温度的函数，因此可以根据光谱强度的变化得到气体的温度数据。瑞利散射信号强，但因来自所有气体组分的瑞利散射落到与入射光束相同的光谱波段，不能区分单个气体组分，并且受颗粒 Mie 散射、背景光散射和火焰辐射的干扰，难以用瑞利型半宽度变化测温度，这些缺点主要限制它应用于某些干净流场的测量。

拉曼光谱的光强正比于气体分子数，由玻尔兹曼分布可以通过光强的变化得到气体温度数据。在拉曼散射光谱中，频率为 $v_0 - \Delta v$ 光谱叫作斯托克斯光谱，频率为 $v_0 + \Delta v$ 的光谱叫作反斯托克斯光谱。根据入射光源的不同形式又分为自发拉曼散射和受激拉曼散射。由于自发拉曼散射信号微弱和非相干性的特点，对于许多具有光亮背景和荧光干扰的实际体系，它的应用受到一定的限制，而受激拉曼散射能大幅度提高测量的信噪比，具有更好的实用性。温度测量研究中常用的是相干反斯托克斯拉曼散射法(CARS)[23]，它基于受激拉曼散射原理，具有方向性强、抗噪声和荧光性能好、脉冲效率高和所需脉冲输入能量小等优点，适合于含有高浓度颗粒的两相流场非清洁火焰的温度诊断。

6. 激光诱导荧光法

分子(或原子)产生荧光的外部激励方式很多，如电子轰击、化学反应、加热或光子吸收，用频率可调的激光器照射产生激光诱导荧光。激光诱导荧光法测温是通过测量荧光强度随激发光谱波长的变化，从而得到基态转动能级或者振动能级分子数的分布，然后根据玻尔兹曼公式计算出体系的温度[24]。

激光诱导荧光是一种电子吸收与发射过程，会产生较强的信号，具有较高的空间分辨力。拉曼散射可在任何紫外波长下激励产生，但荧光的产生要求精确的激励频率，必须要把电子基态下处于特定转动、振动能级的分子激发到受激电子态下特定的转动、振动能级。在燃烧过程研究中，当作为温度测量对象的样品浓度低于自发拉曼或相干拉曼光谱探测灵敏度所要求的浓度时，激光诱导荧光法就是一种更为有效的探测方法。

激光诱导荧光法在处理不同能级上的猝熄效应时存在困难，而且在对非稳态火焰的测量和空间分辨能力方面都存在弱点。

7. 发射吸收光谱法

谱线反转法是发射吸收法的最早形式，最常见的是钠 D 线反转法。其基本原理是在火焰中均匀地加入微量钠盐，可以选取钠在燃烧时产生的两条特征谱线(通常为 589.0nm 和 589.6nm)，当谱线在比较光源的连续光谱中消失时，说明钠的谱线与连续光谱融为一体，此时光源的亮度值就等于火焰燃烧温度[25]。谱线反转法装置简单，适用于实验室中火焰稳定、测量方向温度梯度不大的场合，主要用于静态火焰测温方面。由于受到背景光源亮度变化范围的限制，其测温范围在 1000~2800K。

发射吸收法实际上是谱线反转法的扩展，光源发射的光辐射能量通过火焰时，一部分被火焰吸收，这时不需要把光源亮度调到火焰的特征谱线隐没点，而是直接由比较光源透过火焰区或以反射镜代替比较光源来测量火焰温度[26]。该方法结构庞大、造价昂贵、技术复杂，它的另一局限在于需要向被测火焰中添加染色剂，因此容易破坏被测火焰的组分和热平衡状态。

8. 原子发射双谱线光谱法

原子特征发射谱线是由原子的结构特征决定的。受外来能量的作用，激发态的原子在能级跃迁时，产生自发辐射，释放出激发能，形成原子发射光谱，谱线强度和激发温度服从量子理论[27]。在热力平衡状态下，某一元素的原子在各能级上的分布服从玻尔兹曼分布。对于同一种元素而言，原子温度是关于两条原子谱线强度之比的函数，计算公式如下：

$$T = -\frac{1}{k} \cdot \frac{E_2 - E_1}{\ln\frac{I_1}{I_2} - A} \tag{1-1}$$

式中，k 为玻尔兹曼常量；E_1 和 E_2 分别为两条谱线的激发电压；I_1 和 I_2 分别为两条谱线的强度；A 为常数，与原子跃迁概率、激发态的统计权重和波长有关。只要测得原子发射光谱两条谱线的强度，即可得出温度值。

原子发射双谱线光谱法主要应用于气体火焰温度测量。实际上该方法并不直接测量气体的发射光谱，而是需要在被测对象中引入其他元素原子作为温标原子，测量温标原子发射谱线强度。目前温标元素多选用 Cu、K 等元素[13]。应用双谱线法测量得到的是温标元素原子的激发温度，激发温度和真实温度在概念和数值上并不是一样的，这种方法并不能获取火焰的真温[28]。

9. 傅里叶变换红外光谱法

Herget 等[29]于 1977 年创立的遥感傅里叶变换红外(FTIR)光谱法，现已发展成为一门重要的遥感测试技术。遥感 FTIR 测试技术利用气体分子热激发产生的分子基带转振光谱，按照转振光谱模型对气体分子谱线的精细结构进行分析，即可计算得到气体的温度、浓度以及红外光谱辐射能量分布。

Herget 等[30]根据气体光谱辐射亮度与气体温度的关系，建立了涉及分子转动光谱谱线半宽度的直线方程，根据直线方程斜率可得气体温度，这就是分子发射光谱测温法的基础。分子发射光谱测温法的缺陷在于计算比较繁冗，Wang 等[31]从分子振动-转动谱带红外发射谱线强度理论出发，对分子发射光谱测温法进行改进，推导出不涉及分子转动光谱每一条谱线半宽度的直线方程，由直线斜率可以表征温度大小，形成了分子振转光谱测温法。基于双原子分子转振发射基带中最大强度谱线对应的转动量子数与气体温度的关系，Wang 等[32]继续改进遥感 FTIR 测试技术，建立了一种比较简便的遥感测量气体温度的新方程，即分子发射基带最大强度光谱线测温法。与前两种方法相比，该法简便、直观，大大简化了计算程序。

傅里叶变换红外光谱法能够精确提供燃烧火焰中激发态分子的转动-振动详细信息，可同时检测多种气体，能够对剧烈非稳定燃烧温度进行直接测量，测量速度快、精度高。但由于需要对谱线图进行繁复的分析，因此傅里叶变换红外光谱法难以实现实时在线监测，而高分辨率的 FTIR 光谱仪价格也相对昂贵，限制了该方法的应用。

10. 热辐射法

热辐射法种类较多，多波长辐射法是其中重要的一种[33-38]。多波长辐射法是基于普朗克定律，根据在多个已知波长处的光谱辐射力，通过分析被测对象光谱辐射力和温度、发射率的关系，采用合适的数据处理方法实现温度和发射率的同时测量[39]。

对于非黑体，根据普朗克定律，第 i 个波长的光谱辐射力满足：

$$E(\lambda_i, T) = \varepsilon(\lambda_i, T) \frac{c_1 \lambda_i^{-5}}{\exp\left(\dfrac{c_2}{\lambda_i T}\right) - 1}, \quad i = 1, 2, 3, \cdots, n \tag{1-2}$$

式中，$E(\lambda_i, T)$ 为被测对象在波长 λ_i 处的光谱辐射力；$\varepsilon(\lambda_i, T)$ 为被测对象在波长 λ_i 处的发射率；T 为被测对象的温度；c_1 和 c_2 分别为第一、第二辐射常数。

对于式(1-2)来说，共有 n 个方程和 $n+1$ 个未知数。因此再假设一个关于光谱发射率 $\varepsilon(\lambda_i, T)$ 的方程，用拟合或解方程方法来求解目标真温。

20 世纪 70 年代末，多光谱辐射法才逐渐发展起来，研究人员针对不同的测量对象相继研制开发了三波长[40]、四波长[41]、六波长[42]、八波长[43]及三十五波长[44]辐射温度计等。多光谱辐射法的关键是建立合理的发射率假定方程，方程的准确性对实验结果影响很大。这种测温方法对被测对象的形状、温度等性质没有特殊要求，因而适合各种复杂条件下温度的测量。

11. *声波法*

由热力学中声波运动方程和气体状态方程可知，声波在介质中的传播速度与介质温度有一定关系，具体可用式(1-3)近似描述：

$$C = \left(\frac{K \cdot R}{M} \cdot T\right)^{\frac{1}{2}} = Z\sqrt{T} \tag{1-3}$$

式中，C 为声波在介质中的传播速度；R 为气体常数；K 为气体的绝热指数；M 为气体的分子量；T 为气体温度；Z 为对于特定气体的常数。因此，声波在气体中的传播速度取决于气体的温度，以此可测得气体火焰温度。可以通过直接测量声波在被测介质中的传播速度，也可以测量放在被测介质中细线的声波传播速度来得到温度。这种方法可用于测量高温气体或液体的温度，在高温时会具有更高的灵敏度。

应用声波测温时，如何准确测得声波发射器所发出信号所接收信号之间的时间延迟是关键的问题，通过信号的互相关函数的计算方法来处理是目前比较有效的方法，通过信号采集的方法，对声波发射装置发出的信号和接收装置接受到的辛哈进行采集，将得到的样点利用基于快速傅里叶变换的互相关函数法，通过计算得到互相关函数的峰值可以得到声波发射信号与接收信号之间的延迟。

12. *微波衰减法*

在微波的传输过程中，必然是通过某种介质而展开的，而当微波传过不同介质的时候，振幅和相位两个方面都会发生一定的变化，这种状态即成为微波的衰减。微波衰减法测温即通过在火焰的一边发射微波，在另一边接收微波，根据有误等离子时接收信号大小的变化，计算出衰减量，或用微波干涉仪测定相位变化从而确定火焰的温度。

1.2 火箭发动机燃气温度测试方法应用现状

由于受到火箭发动机工作环境的限制，在火箭发动机燃气温度测试中所实际应用的方法并不多，本节将对温度测试方法在固体火箭发动机燃气温度测试研究中的应用现状做介绍。

1.2.1 接触式测温法的应用研究现状

由于测温范围的限制以及燃气中腐蚀性组分对感温元件的影响作用，热电偶不适合火箭发动机燃气温度的动态测量，国内外相关文献资料并不多见。Sabadell 等[45]曾用微型铂-铂铑热电偶测量过固体推进剂燃烧表面的温度。李兆民等[46]在国内首次采用钨铼热电偶测量火箭发动机燃烧室的燃气温度，测得 SQ-2 固体推进剂的燃气温度为 1908℃。

等离子体测温法由于缺乏相关精确度方面可靠的理论依据，仍处于实验探索的阶段。Maise 等[47]采用特制探针对小型含铝复合推进剂发动机尾焰燃气中的带电粒子浓度进行了测试，认为固体火箭发动机燃气是一种高温稠密不均匀电离的等离子体射流，但是没有对等离子体燃气开展进一步研究。赵文华等[48]以电弧加热火箭发动机羽流为研究对象，采用钨丝制成的朗缪尔探针测量其电子温度，取得了较好的实验结果。这种方法所用探针必须直接接触火焰或者燃气，适合较低温度的火焰温度测量，另外需要外加电场，应用较少。

光纤测温法通常是与其他常用方法相结合应用到发动机燃气温度测量领域。于常青等[49, 50]研究出了用光纤光谱探针来测定炸药爆炸温度。路小波等[51]研制了黑体式光纤燃气温度测试系统，并在发动机燃烧室试验装置上进行了实验，实验系统响应快且有一定的精度。

蓝宝石光纤黑体腔测温法在超高温测量中，测量结果的误差很大程度上取决于镀膜的厚度的均匀性，这就对镀膜工艺要求较高。同时，由于发动机燃气温度甚至高于蓝宝石熔点，所以此方法一般适合 2000℃以下的燃气温度测量。

1.2.2 非接触式测温法的应用研究现状

1. 光学成像法的应用研究现状

光学干涉成像法对于静态火焰有着比较好的成像效果，但是在火箭发动机动态燃气干涉成像中受干扰很大，同时由于无法解决发动机工作过程中的振动问题，很难获取清晰准确的成像效果。CCD 成像法在某种意义上算是辐射测温法的扩展应用，因此也存在辐射测温方法的共性问题，即所谓的发射率问题[18]。高温火焰由于亮度太高，会导致部分色彩失真，影响 CCD 测量结果，这些因素导致 CCD 成像法还无法广泛应用于固体火箭发动机燃气温度测试领域。李翔等[52]探索了 CCD 技术在固体火箭发动机喷管尾焰温度场测试中的应用研究，实现 5%的测量精度，最高测试温度在 1800K 左右。

2. 相干反斯托克斯拉曼散射法的应用研究现状

相干反斯托克斯拉曼散射法的优势在于：信号强度高，灵敏度高，信号具有方向性，抗干扰能力强。国内外对 CARS 法的应用研究比较广泛。

美国联合技术研究中心(UTRC)通过对发动机羽流温度的测量，证明了 CARS 法的测温能力，并将 CARS 技术应用到多烟尘下固体推进剂燃烧流场的温度测量，并对克服烟尘击穿噪声、背景辐射噪声的抑制进行了探索[53, 54]；英国的 Williams 等利用 CARS 和 LIF 技术研究了液体火箭发动机羽流温度和组分的测量，并与理论计算结果进行比较；2004 年，Chaussard 等[55]采用 CARS 法开展火箭发动机燃气温度测试研究，测量设备的空间分辨率为 1mm，测量误差不超过 50K，测量不确定度在 6%～8%。

国内对 CARS 法的应用研究相对较晚。2001 年，Yan 等[56]对 CARS 法在炸药测温中的可行性和方案进行了研究；2003 年，西安近代化学研究所的李春喜等[57]利用 CARS 法测量了多种配方的双基推进剂燃烧火焰温度，最高实验拟合温度为 2180K，实验结果表明，在火焰平衡区的实验拟合温度与热力学计算温度基本吻合；同年，西安核技术研究所的 Hu 等[58]采用 CARS 技术开展常压环境下固体推进剂火焰温度和 N_2 浓度的检测，最高测量温度达到 2500K。中国人民解放军国防科学技术大学的李麦亮[24]重点对 CARS 测温的准确性、高分辨测量进行了研究，同时对 CARS 和 PLIF 测温技术在液体火箭发动机燃烧流场中的应用进行了积极探索。

CARS 技术比较成熟，多应用于一般烟尘火焰(碳氢化合物)的研究，但是推进剂的燃烧火焰相对复杂得多，凝相粒子的存在会严重影响测量结果的准确性。

3. 发射吸收光谱法的应用研究现状

发射吸收光谱法适合静态火焰温度的测量，在发动机燃气温度测量领域应用不多。

在谱线反转法应用方面，Tourin[59]采用加分光镜的钠 D 线反转法测量了气体火焰温度，综合误差在 ±75K 内。Yang 等[60]基于钠 D 谱线反转法测量固体火箭发动机的燃气温度，修改并简化了温度计算公式，给出了随时间变化的 SQ-2 推进剂的温度分布，温度的测量精度为 8%，在离开喷管 240mm 和 500mm 处 SQ-2 推进剂的燃气最高温度为 2234K 和 2202K。

国外对于采用发射吸收光谱法测量推进剂燃烧火焰温度也有研究，如 Lu 等[61]于 1994 年和 1995 年先后以强紫外光照射推进剂火焰，用光学方法获得紫外透射光谱，实测了 JA-2 等固体推进剂的静态火焰温度和 OH 基浓度检测。国内，李疏芬等[62]应用红外发射吸收法测量了煤气火焰温度，并对该方法应用于固体推进剂燃烧火焰温度测量进行了初步探索。

4. 原子发射双谱线法的应用研究现状

原子发射双谱线测温法的原理比较简单，应用研究较早。20 世纪 90 年代初，Wang 等[63]就已经将钠原子发射光谱双谱线法应用于高氯酸铵固体推进剂的羽焰温度测量。随后，杨栋等[64]利用铜原子发射双谱线法，设计了固体火箭发动机燃烧室燃气温度测试系统，在静态发动机实验中，选用 CuI 的两条原子谱线（510.5nm 和 521.8nm），测试了装填有 SQ-2 推进剂的固体火箭发动机燃烧室的温度，所测燃气温度高达 2400～2500K。朱曙光[65]在原有双谱线相对强度法的基础上进行改进，提出用多条谱线代替一条谱线来测量的三谱线相对强度法，使用三条氮离子谱线成功测量了 SQ-2 和丁羟推进剂的火焰温度分布，7MPa 下的平均最高测试温度分别为 1968.3℃、2560℃，相对平方根误差为 5%；并将 SQ-2 推进剂的测试结果和热电偶测试结果、化学平衡计算结果进行对比，结果表明谱线法具有很好的精度。

火箭发动机燃气组分复杂，辐射光谱密集，很难找到两条适合孤立的谱线；同时燃气也很难达到热力学平衡状态。这些因素导致原子发射双谱线法在测量火箭发动机燃气温度时受干扰较大，存在一定的误差。

5. 傅里叶变换红外光谱法的应用研究现状

火箭发动机燃气中含有 C、H、O、N、Cl 等元素的气体化合物，利用这些分子热激发产生的分子基带转振光谱，可以对燃气温度进行直接测量。

国外主要将 FTIR 方法应用于飞机和航天飞机的发动机尾气红外光谱诊断。美国的 Huang 等[66]将傅里叶变换红外(FTIR)光谱技术应用于 NOSOL-363 固体推进剂燃烧产物温度和浓度分布的测试，给出了红外发射相对强度光谱分布图。

国内，南京理工大学的王俊德团队从 20 世纪 90 年代左右就开展了 FTIR 技术在推进剂燃烧和发动机燃气光谱诊断方面的应用研究。Wang 等[63]将分子振转光谱测温法应用于高氯酸铵固体推进剂羽焰温度测量，并与钠原子发射光谱双谱线法的计算结果进行对比，两种算法的温度计算结果一致。李燕等[67]应用遥感 FTIR 技术对固体推进剂燃烧火焰温度进行了研究，基于分子基带转振光谱法和分子发射光谱最大强度谱线法，采用光谱分辨率为 $4cm^{-1}$ 的遥感 FTIR 光谱仪，对燃烧温度进行了遥感实时测定，结果表明：两种方法在测量快速、剧烈燃烧的火焰温度时都很可靠，当燃烧火焰比较稳定时，分子发射光谱最大强度谱线测温法更为简便、快速。王宏等[68]开展了两种固体火箭推进剂的红外辐射亮度变化测试研究，对 2000～3333cm^{-1} 范围内的辐射亮度进行积分，得到了绝对辐射能随时间变化的曲线，但是并没有给出相应的温度。陕西师范大学的李春迎[69]利用遥感 FTIR 光谱获得了固体推进剂羽流红外辐射亮度分布图，得到推进剂绝对辐射能量，根据转振谱带的精细结构计算了四种推进剂的羽流温度。周学铁[70]发展了基于分子转振发射光谱强度理论的温度计算方程式，用遥感 FTIR 光谱测定了 700～4500cm^{-1} 范围固体推进剂燃烧火焰的红外发射光谱，利用 HCl 分子转振基带精细结构的 P 分支光谱，准确测定了固体推进剂燃烧火焰温度。

6. 热辐射法的应用研究现状

由于黑体辐射定律仅对于黑体才成立，热辐射法测量实际物体真实温度时所遇到的最大障碍是受到被测对象发射率的影响，出现"发射率修正"的困难。

全辐射法和单色法测量模型简单，但受到被测对象发射率影响较大，在实际温度测量时难以得到理想的结果，因此应用较少。西安近代化学研究所的王宏等[71]采用基于全辐射测温理论的红外热像仪测试固体火箭发动机燃气流场温度，通过高温风洞标定燃气辐射系数，得出不同辐射系数下的辐射温度，提出了解决发动机燃气流场红外辐射测温时辐射系数设置的方法。

比色法在一定程度上解决了发射率的影响。只要选取适当的波段，使两个波长相差不大，既可有效消除环境的影响，又可修正发射率的影响，使测量出的温度很接近于物体的真实温度。2007 年，俄罗斯联邦核中心的 Tarasov 等[72]利用光纤感光原理研制比色温度计，两个工作波长分别为 678nm 和 478nm，并对 PETN 炸药的爆轰波阵面温度进行测量。2009 年，北京理工大学的刘庆明等[73]研制出比色高温计并实时测量了燃料空气炸药的温度。2010 年，Xiong 等[74]应用比色温度计对脉冲爆轰发动机温度进行测试研究。

在火箭发动机燃气温度测试领域研究较多的是多光谱辐射法，国内哈尔滨工业大学的戴景民及其团队在这方面进行了比较深入全面的研究。1999 年，戴景民等[43]成功研制 6 目标 8 波长辐射高温计，并成功应用于航天发动机尾焰温度的测量中。2008 年，萧鹏等[75]为中国航天科技集团公司第六研究院研制了 6 目标多光谱高温计，用于航天发动机尾焰温度和发射率的同时测量。2010 年，西安微机电研究所的李占英等[76]研制 12 波长温度计，并用于火工烟火药剂燃烧的温度测量。

1.3　火箭发动机燃气温度测试难点分析

开展固体火箭发动机燃烧室燃气温度测试研究可为发动机设计部门进行设计优化、性能评估、故障诊断和方案改进等提供数据支撑。但是，固体火箭发动机工作环境恶劣、燃气温度高，目前还没有一种稳定可靠的方法能够实现固体火箭发动机高温燃气温度的准确测量。固体火箭发动机燃烧室里的流场里是复杂的多相流动，流场本身也是一个快速动态变化过程，而发动机工作时不可避免地存在振动，因此燃烧室里燃气温度的测量也变得较为复杂。此外，为了提高固体火箭发动机比冲，对固体推进剂的能量提出更高的要求。一般复合推进剂的燃烧温度在 2000℃以上，随着高能推进剂的出现，固体推进剂燃烧温度不断提高，常规的燃气温度测试方法面临巨大的考验。

火箭发动机燃气温度测试方法基本上可以分为接触式测温法和非接触式测温法两大类[5, 6]。在接触式测温法中，热电偶法最为常用，该方法精度较高，测试系统结构简便，但是，近年来发展的高能推进剂理论燃烧温度已经远超过了其测量范围。

非接触式测温法具备测量高温运动目标温度的能力，响应速度快、不需要与被测物体接触、不破坏温度场[7]，是目前国内外研究的重点。火箭发动机燃烧室中环境复杂，对非接触式温度测试系统提出了严苛的要求：在具有很高的测温能力的前提下，还必须具备很好的抗干扰能力和稳定性。常用的非接触式测温方法中，光学成像法和相干反斯托克斯拉曼散射法容易受到干扰，无法保证测量结果的准确性；激光诱导荧光法在高压氧环境下存在"猝熄效应"，而且在对非稳态火焰的测量和空间分辨能力方面都存在弱点；发射吸收光谱法结构庞大、造价昂贵、技术复杂；原子发射多谱线法不能直接测量被测对象的发射光谱，而是需要引入其他元素原子，作为温标原子，这样会增加测试难度，干扰原有温度场；全辐射法和单色法的最大障碍是受到被测对象发射率的影响，存在"发射率修正"的困难，无法获得被测对象的真温；比色法一定程度上解决了发射率的影响，但是对测量光谱波长要求较高，同时也无法获得测量对象的真温；多光谱辐射法解决了测量真温的问题，但是对发射率假定方程提出了较高的要求，方程的准确性与否对测量结果影响很大。所以，目前还没有一种可靠有效的方法能够实现火箭发动机高温燃气温度的动态实时准确测量，固体火箭发动机高温燃气温度测量本质是一项体现科技实力的综合技术。

由于接触式测温法和非接触式测温法在火箭发动机燃气温度测试研究方面都存在种种问题，在工程应用上，设计人员主要依靠理论计算和实验研究来估算发动机燃气温度。而实际发动机的工作状态不能满足理论计算的理想条件，实验研究则会浪费巨大人力、物力和财力，存在很大的不确定性。因此，火箭发动机高温燃气温度的准确测量是一个亟待解决的技术性难题。

传统的接触式热电偶测温方法由于金属热电偶丝耐高温(熔点)有限而无法进行超高温的测量，如钨铼 G 型热电偶最高测温上限一般 2800K 左右，且热电偶动态响应差；基于光谱学的测温方法由于系统复杂，高压环境对谱线有影响，使得准确分析困难；此外，由于固体推进剂燃烧温度测量是在高温高压的恶劣环境中进行的，燃烧过程中产生的大量烟尘粒子还会污染光学窗口，对于一些先进的光学测温技术如 CARS、LIF 等，需大面积窗口，不易保护，光学介入困难，且测试过程中产生的振动容易对测温结果产生影响。

气体的发射率主要与气体的组分、温度以及气层厚度等影响因素有关，而且由于气体的热辐射特性具有强烈的选择性，火箭发动机燃烧室内燃气流动十分复杂，使得研究火箭燃烧室内气体的热辐射特性以及进行辐射计算都很困难。如固体推进剂燃烧火焰，是在高温、高压和很窄的空间中进行的高速化学反应，并涉及熔化、汽化、升华、分散、传热、扩散和流动等物理过程。绝大多数固体推进剂的火焰温度在 1000～4000K，而且燃烧条件都比较复杂。

通过分析，可以得到以下几点结论。

(1)热电偶温度测试方法可以溯源到国家基准，量值传递可以保证，产品丰富，技术成熟，且测试成本相对较低，但是最高温度也只能到 2300℃，存在温度上限不能满足高温高能推进剂的温度测试需求，同时响应特性、抗污染能力、抗干扰能力等也使其应用受到极大限制。

(2)可以溯源到国家基准的辐射测温方法，基于亮度法、全辐射法和比色法测温的现有产品，都存在应用问题。例如，亮度法需要知道被测辐射体使用波长的光谱发射率，全辐射法需要知道被测辐射体在全部波长上的总发射率，根据火箭发动机内燃气光谱特性，无疑很难获得准确的值，按照亮度法、全辐射法测温原理，其造成的误差是无法接受的；而比色法测温采用两个波长上的辐射强度的比值获得被测辐射体的温度，其测温准确性依赖测得的波长准确性和两个波长上辐射强度的值，尤其是依赖被测辐射体在这两个波长上的光谱发射率，由于火箭发动机内燃气光谱特性，存在不同的吸收峰和闪耀峰，光谱曲线也不光滑，选取不同的两个波长点进行计算，其结果大相径庭，在实际操作过程中，难以实现。

(3)目前进行的其他燃气温度测试方法,存在着测量结果准确性验证困难,没有量值传递渠道等问题;大多是理论推导和原理实验,工程应用存在诸多问题,难于推广应用。

因此,因火箭发动机内具有高温、高压、多相流等特点,目前还没有很好的办法能准确测量发动机内高温燃气的温度。

1.4 本章小结

本章首先介绍了现有固体火箭发动机燃烧温度的测试方法;以接触式和非接触式对测试方法进行分类,详细描述了各种测试方法的应用现状;最后在分析固体火箭发动机的工作条件的基础上讨论了固体火箭发动机温度测试的难点。

第2章 温度测量基础

2.1 温度测量的基本术语

2.1.1 关于温度

温度是物质的状态函数，在常温下物质有固态、液态、气态三种状态。随着温度变化(或同时其他参数如压力、体积也发生了改变)到一定的程度，物质会从一种状态变为另一种状态，也可能变为等离子态，甚至可能成为超导态(电阻为零)。

在日常生活中用温度表示物体冷热的程度——热物体温度高，冷物体温度低。但是这种对温度的定义是建立在主观感觉基础上的，仅仅定性地了解是不够的，必须给予定量的解释。在不受外界影响的条件下，宏观性质不随时间变化的状态叫作平衡态，假设有两个物体，原来各自处在一定的平衡态，现在将两个物体互相接触，使它们之间发生传热(热传递)，之后两个物体的状态都发生变化，经过一段时间后，两个物体的状态不再变化了，反映出两个物体达到一个共同的平衡态，这种由两个物体在发生传热的条件下达到的平衡，叫作热平衡态。

进一步取三个热力学系统，物体 A，B，C，若 A 与 B 处于热平衡，B 与 C 也处于热平衡，那么 A 与 C 必定处于热平衡。这个结论通常叫作热力学第零定律，也叫作热平衡定律。热力学第零定律为温度概念的建立提供了实验基础。处于同一热平衡状态的所有物体都具有共同的宏观性质，决定物体热平衡的宏观性质是温度，也就是说，温度是决定一个物体是否与其他物体处于热平衡的宏观性质。

在微观状态，气体分子的平均动能与温度有关，其与热力学温度成正比，温度标志着物体内部分子无规则运动的剧烈程度，温度越高就表示物体内部分子无规则热运动越剧烈。温度概念是与大量分子的平均动能相联系的，温度是大量分子热运动的共同表现，含有统计意义，对于单个分子温度是无意义的。

2.1.2 关于温标

仅仅定义了温度的概念是不完全的，还要确定它的数值表示方法。温度的数值表示方法叫温标。要建立温标需要三个要素：①选择测温物质，确定它随温度变化的属性即测温属性；②选定温度固定点；③规定测温属性随温度变化的关系。

原始摄氏温标：选择装在玻璃毛细管中的液体作为测温物质，随着温度的变化，毛细管中液体的长短反映液体体积膨胀这一测温属性。选择水结冰的温度作为下限，水在 1atm[①] (760mmHg[②])时沸腾的温度作为上限，并认为在这两点之间温度的关系是线性的，

---

① 1atm=1.01325×10^{5}Pa；

② 1mmHg=1.33322×10^{2}Pa。

规定水结冰的温度为零摄氏度、水在 1atm 下的沸腾温度为 100℃，进行 100 等分，那么 1 等分为 1 摄氏度。

上述方法建立的温标和测温物质属性有很大关系，这是因为不同物质或同一物质的不同属性随温度的变化关系不同。如果规定了某种物质的某种属性随温度呈线性变化，从而建立温标，则其他测温属性一般不再与温度（按已建立的温标计数）呈严格的线性关系。

现代温度测量使用的温标为 1990 年的国际温标（ITS-90），是在卡诺定理（法国工程师 1824 年提出）的基础上引入一种理想绝对温标，它与测温物质的性质无关，这种温标叫作热力学温标，首先由开尔文引入。

热力学温标是一种理论温标，不可能实现。在温标的发展过程中，通过了气体温标的理论推导和验证；气体温标虽然能很好地趋近和复现热力学温标，但是它使用起来麻烦，而且很不实用。国际温标就是为了实用而建起来的一种协温标。国际温标经国际协商，决定采用的一种国际上通用的温标，它应满足三个条件：①应尽可能与热力学温标相一致；②复现精度高，使各国都能够准确地复现国际温标；③使用方便，能够满足生产需要；在满足以上三个基本条件的基础上，要形成实用方便的温标必须具备国际温标三要素：①基准定义固定点；②内插仪器；③内插公式。

热力学温度（符号 T）的单位为开尔文（符号为 K），是七个基本单位之一，定义为水三相点热力学温度的 1/273.16。

ITS-90 国际温标同时使用开尔文温度（T_{90}）和摄氏温度（t_{90}），单位分别为 K 和℃，换算关系为：$t_{90} = T_{90} - 273.15$。

ITS-90 国际温标规定 0.65～5.0 K T_{90} 由 3He 和 4He 的蒸汽压与温度的关系来定义；3.0～24.5561K T_{90} 是用氦气体温度计定义的，使用三个定义固定点及规定的内插方法来分度；13.8033K～961.78℃是用铂电阻温度计定义的，它是使用一组规定的定义固定点和内插方程来分度的；961.78 ℃以上 T_{90} 是借助一个定义固定点和普朗克辐射定律定义的。

2.1.3　温度量值溯源

测量设备对被测对象的某个参数进行测量，其结果是否准确，需要通过量值传递渠道进行溯源，最终上溯到国家基准（或国际基准）。量值溯源等级图又叫量值溯源体系表，通过一条具有规定不确定度的不间断的比较链，使测量结果或测量标准的值能够与规定的参考标准（通常为国家计量基准或国际计量基准）联系起来。对给定量的计量器所用的比较链进行量化说明，它包括推荐（或允许）的比较方法和手段。温度的溯源等级图规定了各个等级的各个温度段的测量设备（计量标准器具和工作器具）由国家基准进行量值传递（溯源）过程，并指明其不确定度和基本的检定或校准方法。

检定的对象是我国计量法明确规定的强制检定的测量装置，目的则是对测量装置进行强制性全面评定。这种全面评定属于量值统一的范畴，是自上而下的量值传递过程。检定依据相应的计量器具检定规程，评定计量器具是否符合规定要求。通过检定，评定测量装置的误差范围是否在规定的误差范围之内。

校准的对象是属于强制性检定之外的测量装置，目的是对照计量标准，评定测量装置的示值误差，确保量值准确，属于自下而上量值溯源的一组操作。这种示值误差的评定应根据组织的校准规程作出相应规定，按校准周期进行，并做好校准记录及校准标识。校准除评定测量装置的示值误差和确定有关计量特性外，校准结果也可以表示为修正值或校准因子，具体指导测量过程的操作。

由于本书论述的发动机燃气温度测试的范围通常都大于 1200K 以上，因此只列出温度范围为 961.78～2200℃的国家温度量值传递系统。

(1)计量基准器具。

① 银凝固点作为 961.78℃复现温度的参考点，扩展不确定度 0.056℃，k=2.78，p=0.99；

② 标准温度灯组保存国家基准量值，温度范围：961.78～2200℃，扩展不确定度 0.41～1.1℃，k=2.73～2.92，p=0.99；

(2)计量标准器具。

① 工作基准温度灯：800～2200℃，扩展不确定度 0.7～1.6℃，k=2.70～2.79，p=0.99；

② 标准光电高温计：800～2200℃，扩展不确定度 1.1～2.4℃，k=2.68～2.9，p=0.99，2200℃以上采用计算方法，扩展不确定度 2.9～5.9℃，k=2.69～2.70，p=0.99；

③ 标准温度灯组，两种 800～2000℃和 800～2200℃，扩展不确定度为 4～6℃，k=2.90～3.11，p=0.99；

④ 铜凝固点(1084.62℃)，用于标准组铂铑 10-铂热电偶检定。

(3)计量工作器具。

① 光学高温计：范围 800～3200℃，允许误差为±(0.6～2.5)%t，2000℃以上采用计算方法；

② 光电温度计：范围–30～3200℃，允许误差为±(0.5～2)%t；

③ 辐射温度计：范围–50～3200℃，允许误差为±(0.5～2)%t；

④ 比色温度计：范围 100～3200℃，允许误差为±(1～2.5)%t；

⑤ 热像仪，范围–50～3000℃，允许误差为±(0.75～3.0)%t；

⑥ 辐射感温器，范围 400～2000℃，允许误差为±(0.75～3)%t。

2.2　接触式温度测量

按照测温原理，现有测量方法通常分为接触测温和辐射测温。通常情况下，接触测温法需要将测量设备置于被测物体的温场中，通过热的传导感知温度的变化；根据国家溯源(量值传递)等级图，接触测温的计量工作器具主要包括铂电阻温度计、热电偶温度计、膨胀式温度计以及工业热电阻温度计。

2.2.1　电阻温度计

由于金属、半导体等的电阻随温度的变化而变化，这就使得我们有可能利用金属电阻的变化来测量温度。利用金属、合金或半导体的电阻的变化来测量温度的仪器叫做电阻温度计。

由于铂的物理性质和化学性质非常稳定，即使在高温下也不易氧化，除还原性介质外不发生变化；铂的电阻温度系数大，在 0～100℃平均电阻温度系数为 0.003925/℃；铂的比阻较大，为 0.0981Ω·mm²/m；铂的电阻与温度关系曲线平滑，可用一个比较简单的方程表示；铂易提纯，可达很高的纯度。除铂以外，其次是铜，铜的特点是电阻温度系数大，电阻温度关系曲线近似于一条直线，易提纯而且价格便宜，因此在工业生产中广泛使用。但是它易氧化，所以只能在低于 150℃的温度下，无侵蚀的环境下使用。因此，在测量精度较高的场合下，铂电阻温度计使用较多，工业铂电阻温度计使用温度一般不超过 500℃，作为标准的铂电阻温度计不超过 419.527℃；高温铂电阻可达 961.78℃。

一般工作用电阻温度计的溯源，按照相应检定规程或者校准规范的要求，利用一个满足技术指标的热源提供规定温度点的温场，更高等级的标准温度计和溯源温度计同时测量热源温场的温度，进行比对，完成量值的传递。

2.2.2 热电偶温度计

热电偶测温的基本原理是热电效应两种不同的导体(或半导体)两端接合组成回路，当两个接合点的温度不同时，会在回路内产生热电势，这一现象称为热电现象，用它进行温度的测量就是依赖所产生的热电势与两个接合点温度之间的一定关系而实现的，这一现象是在 1821 年由德国医生塞贝克发现的，所以又被称为塞贝克效应。根据制造热电偶材料的特性，热电偶可以分为四大类：①贵金属制成的热电偶；②廉金属制成的热电偶；③难熔金属制成的热电偶；④非金属制成的热电偶。纯金属的热电偶容易复制，但其热电势和热电势率较小。非金属热电偶的热电势率较大，熔点高，但是这些热电偶的复现性和稳定性较差。目前常用的热电偶一般都是用纯金属与合金相配或者足合金与合金相配。

(1)1800℃以下热电偶温度计。

作为标准用的热电偶温度计一般为铂铑 10-铂热电偶，测量范围为 419.527～1084.62℃；作为工作用的热电偶温度计，按照热电偶构成材料划分，有铂铑 10-铂热电偶(S 型，测温范围可达 1600℃)、铂铑 13-铂热电偶(R 型，测温范围可达 1600℃)、铂铑 30-铂铑 6 热电偶(B 型，测温范围可达 1800℃)、镍铬-镍硅热电偶(K 型，测温范围可达 1300℃)、镍铬硅-镍硅热电偶(N 型，测温范围可达 1300℃)、镍铬-铜镍热电偶(E 型，测温范围可达 900℃)、铁-铜镍热电偶(J 型，测温范围可达 750℃)、铜-铜镍热电偶(T 型，测温范围可达 350℃)等。

作为传递标准热电偶温度计的溯源，按照检定规程的要求，通过标准固定点温度进行量值传递；工作用热电偶温度计的溯源，按照相应检定规程或者校准规范的要求，利用一个满足技术指标的热源提供规定温度点的温场，更高等级的热电偶温度计和溯源温度计同时测量热源温场的温度，进行比对，完成量值的传递。

(2)1800℃以上热电偶温度计(钨铼热电偶)。

采用热电偶作为接触测温元件的优点是测量范围广、性能稳定、准确可靠，且结构简单、热惯性小、动态响应速度快、信号能远距离传递和多点测量等优点。在高温测量中用铂铑 30-铂铑 6 热电偶，短时测温可达 1800℃，但在冶金、航空、航天和核反应堆等领域，光测量 1800℃ 是远远不够的，需要找到更高的温度热电偶。

钨铼热电偶问世于 1930 年，发展到现在，还是以美国和俄罗斯为代表，形成了两大体系，即俄罗斯的钨铼 5-钨铼 20（苏联国家标准 3044-1984）和美国的钨铼 3-钨铼 25、钨铼 5-钨铼 26（美国材料协会（ASTM）颁布的钨铼 3-钨铼 25、钨铼 5-钨铼 26，标准号为 E988-84）。虽然钨铼热电偶并未列入 IEC 公布的标准之列。我国对钨铼热电偶的研究开始于 20 世纪 50 年代，六七十年代中期曾一度中断。在 80 年代又得到了较大发展。1987 年我国颁布钨铼 3-钨铼 25、钨铼 5-钨铼 26 偶丝的专业标准。又在 1988 年颁布了这两种电偶的标准，其分度号分别为 WRe3-WRe25 和 WRe5-WRe26，其标准号为 ZBN05003-88，其数据和美国 ASTM 相同。在同年 5 月，我国又颁布了 JJG576—1988《工作用钨铼热电偶检定规程》，从而为钨铼热电偶的生产、检验和应用提供了依据。

钨铼热电偶长期使用温度为 2300℃，短期使用温度可达 2800℃。最高使用温度可到 3000℃。

钨铼热电偶温度计的溯源，通过高温真空管炉提供溯源的温场，通过与标准光学高温计或者标准光电高温计的测量结果对比进行量值溯源。

2.3　辐射温度测量

辐射测温是以被测物体的热辐射为基础的测温方法。辐射温度计按照原理进行划分，有亮度法测温仪（光学高温计和光电测温仪）、辐射测温仪和比色温度计三类设备。

在温度测量过程中通常采用的光测高温法、红外测温法、光谱测温法、全辐射测温法等[4-7]，这些方法都属于辐射测温法的范围，都是以物体的热辐射测量为基础。与接触测温如电阻测温、热电偶测温不同，辐射测温直接使用基本的辐射定律。测量结果可以与热力学温度联系起来，因此可以直接测量热力学温度。在制定 1990 年国际温标（ITS-90）的过程中，铝凝固点（660.37℃）以上的某些数值来自于辐射的测量结果就是一个证明。辐射测温法的优点是显而易见的。它的测量不干扰被测温场，不影响温场分布，从而具有较高的测量准确度。辐射测温的另一个特点是，在理论上有测量上限，所以它可以测到相当高的温度。此外，其探测器的响应时间短，易于快速与动态测量。在一些特定的条件下，如核辐射场，辐射测温可以进行准确而可靠的测量。

辐射测温法的主要缺点在于，一般来说，它不能直接测得被测对象的实际温度。要得到实际温度，需要进行材料发射率的修正，而发射率是一个影响因素相当复杂的参数。这就增加了对测量结果进行处理的难度。另外，由于是非接触，辐射温度计的测量受到中间介质的影响，特别是在工业现场条件下，周围环境比较恶劣，中间介质对测量结果的影响更大，在这方面，温度计波长范围的选择是很重要的。此外，由于辐射测温的相对复杂的原理，温度计的结构也相对复杂，从而其价格较高。这也限制了辐射温度计在某方面的使用。

2.3.1　辐射测温的基本概念

1. 热辐射温度

根据温度和温标的定义，所测量的温度都是热力学温度，遵守热力学温度的所有定律，从温度辐射的观点，遵守普朗克定律，这是现行温度测量的基础。

在所研究的温度测量过程中，被测物体或系统均处在热平衡态，或者处于准平衡态。温度概念是与大量分子的平均平动动能相联系的，温度是大量分子热运动的共同表现，含有统计意义。对于单个分子，温度是无意义的。

热平衡态指在不受外界影响的条件下，通过热的传导达到热的平衡，宏观性质不随时间变化的状态；热准平衡态指当物体从外界得到的能量不足以补偿其全部辐射能量时，则该物体的一部分辐射能量要靠物体本身所储藏的内能来提供。这时，物体内能的平衡分布将遭到破坏，从而导致物体的辐射不再处于平衡态，如物体辐射的变化发生得缓慢，以致物体的内能还来得及达到平衡分布，则辐射仍将具有平衡的特性。在这种情况下，尽管物体的温度会缓慢下降，但就各个瞬间而言，物体的辐射状态仍然可以被视为处于平衡态的，因而仍可用一定的温度予以表征。这样的辐射状态称为准辐射平衡态，而这样的辐射称为准平衡辐射。

实际物体的辐射绝大多数可以近似地视为准平衡辐射，因此，根据物体的热辐射进行温度测量是有意义的。但在某些化学反应过程中出现的发光现象，则不能认为是热辐射，温度对它们没有任何意义。

2. 热辐射光谱

热辐射指能量从一切物体表面的连续发射，并以电磁波的形式表现出来，热辐射只是整个电磁波的一个组成部分。热辐射电磁波是由波长相差很大的红外线、可见光以及紫外线所组成。它们的波长范围是在 $10^{-8} \sim 10^{-3}$ m，而可见光仅是其中的很小一部分，在 $400 \sim 760$ nm，比 400nm 短的一段波长的辐射属紫外辐射，而比 760nm 长的一段波长的辐射是红外辐射。在可见光的波长范围内，不同的波长会引起人眼不同的颜色感觉：700nm 呈红色，580nm 呈黄色，而 470nm 则呈蓝色。

并不是只有灼热的高温物体才存在热辐射。严格地讲，在任何温度下，物体都会产生热辐射，只是其辐射光谱不同罢了。低温时，辐射能量非常小，而且是发射波长较长的红外线；随着温度的升高，辐射能量急剧增加，同时其相应的辐射光谱逐渐地往短波方向移动。例如，当物体的温度升至 500℃时，其辐射光谱才开始包括可见光谱的红光部分，而绝大多数仍为红外辐射；到 800℃，红光成分大大增加，即呈现出"红热"；而加热到 3000℃时，辐射光谱就会包含着更多的短波部分，使得物体呈现出"白热"。关于电磁波谱和可见光与红外的波长分布见图 2-1。

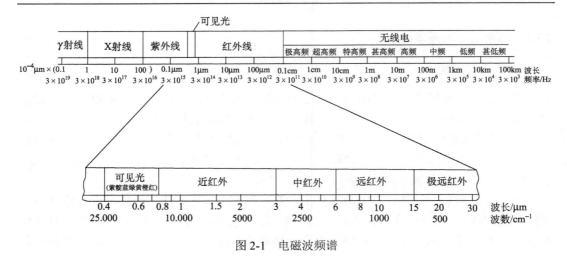

图 2-1　电磁波频谱

热辐射光源是发光物体在热平衡状态下，使热能转变为光能的光源，如白炽灯、卤钨灯等。一切炽热的光源都属于热辐射光源，包括太阳、黑体辐射等，其特点是产生连续的光谱。

绝对黑体是一种理想热辐射源。所谓绝对黑体(以下简称黑体)是具有以下典型特征的物体：对任何波长的入射辐射，它的光谱吸收比等于1，透射比为0，反射比为0。

热辐射应该是原子、分子在平衡位置附近的振动。气体分子，如氧分子中两个氧原子组成一个振子，做着类似于双弹簧振子那样的振动；液体、固体分子会在其平衡位置附近振动。这些振动任何温度下都在发生，是永不停息的，只是温度高振动就强。正是这些振动使得原子、分子内的电荷做着类似于振荡电路中的电荷那样的运动，从而不断地发射出电磁波-热辐射(热辐射发射的是电磁波)，并在没有外界能量补充的情况下，不断消耗物体的内能，并最终降低物体的温度，直到与外界达到热平衡。

3. 热辐体辐射特性

热辐射能量射向物体后，一部分被吸收，一部分被反射，还有一部分穿透物体：被吸收的能量使物体温度升高，而被物体反射和穿透的那部分能量则被另外物体吸收、反射和穿透，反复的过程是一种趋向动平衡的过程，从而达到能量的完全、均匀分配。

热射线和可见光线一样，都服从反射和折射定律，能在均一介质中做直线传播。在真空和大多数的气体(惰性气体和对称的双原子气体)中，热射线可完全透过，但对大多数的固体和液体，热射线则不能透过。因此只有能够互相照见的物体间才能进行辐射传热。

根据能量守恒定律有

$$Q = Q_r + Q_a + Q_d$$
$$1 = Q_r / Q + Q_a / Q + Q_d / Q = A + R + D$$

式中，A 为物体的吸收率；R 为物体的反射率；D 为物体的透过率。

A=1 的物体，称为黑体或绝对黑体，能全部吸收辐射能。

R=1 的物体，称为镜体或绝对白体，能全部反射辐射能。

D=1 的物体，称为透热体，能透过全部辐射能。

黑体和镜体都是理想物体，实际上并不存在。但是，某些物体如无光泽的黑煤，其吸收率约为 0.97，接近于黑体；磨光的金属表面的反射率约等于 0.97，接近于镜体。

物体的吸收率 A、反射率 R、透过率 D 的大小决定于物体的性质、表面状况、温度及辐射线的波长等。一般来说，固体和液体都是不透热体，即 D=0，故 $A+R$=1。气体则不同，反射率 R=0，故 $A+D$=1。某些气体只能部分地吸收一定波长范围的辐射能，一般单原子气体和对称的双原子气体均可视为透热体。

实际物体，如一般的固体能部分地吸收由零到所有波长范围的辐射能。凡能以相同的吸收率且部分地吸收由零到所有波长范围的辐射能的物体，定义为灰体。灰体有以下特点。

(1) 灰体的吸收率 A 不随辐射线的波长而变。

(2) 灰体是不透热体，即 $A+R$=1。

灰体也是理想物体，但是大多数的工程材料都可视为灰体，从而可使辐射传热的计算大为简化。

强吸收体一定是强辐射体，因此，黑体具有最强的热辐射能力。

2.3.2 辐射测温的理论基础

1. 普朗克定律

辐射测温原理是基于普朗克黑体辐射定律。普朗克定律描述了任何物体在一定的温度下都会以电磁波的形式发射一定的热辐射能量，即单位面积黑体在半球方向发射的辐射通量(即辐射功率)，是黑体热辐射波长和黑体的热力学温度的函数。德国物理学家普朗克于 1901 年给出了以波长为变量的黑体辐射普朗克公式。

对于黑体，普朗克定律表达式[78]如下：

$$E_b(\lambda, T) = \frac{c_1 \lambda^{-5}}{\exp\left(\dfrac{c_2}{\lambda T}\right) - 1} \tag{2-1}$$

式中， $E_b(\lambda, T)$ 为黑体的光谱辐射力， $W/(m^2 \cdot \mu m)$ ； T 为绝对温度， K ； λ 为辐射光谱的波长， μm ； c_1 为第一辐射常数， $c_1 = 2\pi h c_0^2 = 3.741832 \times 10^8$ ， $W \cdot \mu m^4 / m^2$ ； c_2 为第二辐射常数， $c_2 = hc_0 / k = 1.4388 \times 10^4$ ， $\mu m \cdot K$ ； $\exp$ 为以 e 为底的指数函数。其中， h 为普朗克常量， $h = 6.626076 \times 10^{-34}$ ， $J \cdot s$ ； c_0 为真空中的光速， $c_0 = 2.99792458 \times 10^{14}$ ， $\mu m/s$ ； k 为玻尔兹曼常量， $k = 1.3806505 \times 10^{-23}$ ， J/K 。

将式(2-1)描述成不同温度下的光谱辐射力曲线，如图 2-2 所示。从图中可以看出，热辐射的光谱辐射力是波长和温度的二元函数，是以 T 为参数的 E_b 关于 λ 的曲线族。不同温度下的黑体光谱辐射力曲线分布并不一致，也不存在重合，每一个温度下对应唯一一条光谱辐射力曲线，每一条曲线对应零至无穷大个波长点。这为多波长光谱辐射测温方法提供了理论依据。

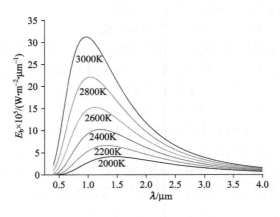

图 2-2　普朗克曲线

2. 基尔霍夫定律

按照普朗克黑体辐射定律对实际物体的温度进行测量,需要测量该物体的辐射能量,因此需要建立被测物体的温度、辐射能量和黑体之间的关系。

定义辐射出度 M:辐射源在单位时间 t 内和单位面积 S 上所发出的辐射能量 Q,即

$$M = dQ / (dSdt) \tag{2-2}$$

假定 M^0 为温度 T 下的黑体辐射出度,当物体 1、物体 2、物体 3、物体 n 处在热平衡状态下,假定 $M^1, M^2, M^3, \cdots, M^n$ 分别为物体在 T 下的辐射出度,同时假定 $\alpha_1, \alpha_2, \alpha_3, \cdots, \alpha_n$ 分别为物体吸收率,则有基尔霍夫定律:

$$M^0 = M^1 / \alpha_1 = M^2 / \alpha_2 = M^3 / \alpha_3 = M^n / \alpha_n \tag{2-3}$$

即任何物体的辐射出度与其吸收率之比恒等于同温度下的黑体辐射出度。换句话说,物体的辐射本领越大,其吸收本领越大。从而引出实际物体的发射率,定义为相同温度下实际物体与黑体的辐射出度之比,用 ε 来表示

$$\varepsilon = \alpha = M / M^0 \tag{2-4}$$

基尔霍夫定律还证明,处在热平衡条件下的任何物体,其吸收率等于发射率;同时,基尔霍夫定律也适用于单色辐射,假定 ε_λ 为光谱发射率,α_λ 为光谱吸收率。即

$$\varepsilon_\lambda = \alpha_\lambda \tag{2-5}$$

为区别光谱发射率 ε_λ,发射率 ε 也称为全波发射率和总发射率。从发射率的定义可以看出,实际物体的辐射出度或单色辐射出度总比黑体要小,即黑体的辐射出度最大。

因此,由于实际物体的发射率 ε 和光谱发射率 ε_λ 的原因,根据物体辐射出度(辐射能量),按照普朗克辐射定律计算的温度,就存在一定的误差,误差的大小取决于发射率 ε 或者光谱发射率 ε_λ 的值,而发射率 ε 或者光谱发射率 ε_λ 的值很难精确测量,不仅与温

度和波长有关，而且与辐射方向、物体结构、材料特性和表面状况等因素有关，这就是影响辐射测温准确性的最大的问题。

3. 斯忒藩—玻尔兹曼定律

黑体在全波长范围内总的辐射出度 M^0 与温度 T 之间的定量关系：

$$M^0 = \delta T^4 \tag{2-6}$$

用普朗克定律进行全波长积分也可得到这个公式，实际物体的辐射出度（总的）为

$$M^0 = \varepsilon \delta T^4 \tag{2-7}$$

式中，δ 为斯忒藩—玻尔兹曼系数，$\delta = 5.67032 \times 10^{-8} \text{W} \cdot \text{m}^{-2} \cdot \text{k}^{-4}$；$\varepsilon$ 为实际物体包括所有波长在内的总的发射系数。

从斯忒藩—玻尔兹曼定律可以看出，任何物体的表面都在连续发出辐射能量，除非该物体处在绝对零度的状态下，在外界不供给物体任何形式能量的条件下，其辐射能靠消耗物体本身的内能来实现。

利用斯忒藩—玻尔兹曼定律，通过测量物体的辐射出度确定该物体的温度，这是全辐射测温的基本原理。

2.3.3　常用辐射测温方法

由于绝大多数被测对象都不是黑体，存在发射率的影响，具有热辐射 M^0 的物体绝不仅限于某一实际物体，具有不同发射率的实际物体都有可能发出相同的热辐射，有：

$$M^0 = \varepsilon_1 M^1(T_1) = \varepsilon_2 M^2(T_2) = \varepsilon_3 M^3(T_3) = \varepsilon_n M^n(T_n) \tag{2-8}$$

由此可知，同一热辐射可以有许多不同温度 $T_1, T_2, T_3, \cdots, T_n$ 的实际物体，一定量的热辐射具有温度的无限解，所以确定物体的热辐射并一定能确定物体的真实温度。因此，引入表观温度的概念，发射率未知的情况下，将实际物体的温度同黑体辐射定律直接联系起来。在辐射测温中，表观温度也即是广泛应用的亮度温度、辐射温度和颜色温度。

1. 亮度法测温计

当实际物体（非黑体）在某一波长下的单色辐射亮度同黑体在同一波长下的单色辐射亮度相等时，则该黑体的温度称为实际物体的亮度温度。此定义的数学表达式为

$$\varepsilon_{\lambda T} M^0{}_{\lambda T} = M^0_{\lambda T_s}$$

用普朗克公式和维恩近似公式代入进行处理，得到

$$\frac{e^{c_2/\lambda T_s} - 1}{e^{c_2/\lambda T} - 1} = \frac{1}{e_{\lambda T}} \Rightarrow \frac{1}{T_s} - \frac{1}{T} = \frac{\lambda}{c_2} \ln \frac{1}{e_{\lambda T}}$$

上式是辐射测温学中常用的基本公式。它们通过光谱发射率 $\varepsilon_{\lambda T}$ 与波长 λ 把实际物体的真实温度 T 与其亮度温度 T_s 联系起来。

由于 $\varepsilon_{\lambda T}$ 总是小于1的正数，因此可以得出如下结论：实际物体的亮度温度永远小于它的真实温度，即 T_s 恒小于 T。光谱发射率越小，亮度温度偏离真实温度越大；反之，

光谱发射率越接近于 1，则亮度温度越接近于真实温度。换句话说，亮度温度的修正量总是正值。

若 $\varepsilon_{\lambda T}$ 保持恒定，则物体的亮度温度对真实温度的偏离随着波长 λ 的增大而增大；若物体的真实温度保持恒定，则亮度温度随着波长的增大而减小。在实际测温中，物体的真实温度总是一个确定的量，因此亮度温度成为一个与波长相联系的量，未注明对应波长的亮度温度是没有意义的。

引入亮度温度的概念后，只要波长一定，则同一热辐射只能对应于一个亮度温度值，这就是说，存在着对应于相同热辐射的温度唯一解。

然而，能量的发射是一回事，能量的接收或测量则是另一回事。任何可检测到的辐射都是由一定宽度的光谱带所组成的，即使最好的单色仪，也不可能得到完全单色的热辐射。此外，接收辐射的探测器也要求获得具有一定光谱区域的辐射能量，否则由于所接收的能量很小而无法做出响应和测量。

这样，实际的测温手段并不能满足所要求的"单色"。换句话说，实际测得的是在一段光谱区间 $[\lambda_1, \lambda_2]$ 内的辐射亮度之比，而不是单色辐射亮度之比，即任何辐射测温仪表，总是在某一光谱区间内来测量目标的辐射功率，温度仪表接收到的目标辐射总功率 $E(T_s)$ 为

$$E(T_s) = K \int_{\lambda_1}^{\lambda_2} \tau(\lambda) \varepsilon_\lambda M^0(\lambda, T) \mathrm{d}\lambda$$

式中，$\tau(\lambda)$ 为光学系统及光电元件(或人眼)总的相对光谱响应率，λ_1，λ_2 为光学系统及光电元件(或人眼)总的光谱通带下限及上限，亮度法测温仪表光谱通带一般在 1μm 以下。

2. 全辐射法测温计

温度为 T 的物体单位面积发射的全辐射功率与温度为 T_P 的黑体单位面积发射的全辐射功率相等时，有

$$T = T_P \cdot \varepsilon^{-\frac{1}{4}}$$

式中，T_P 为实际物体的辐射温度，T 为实际物体的真实温度，ε 为该物体的总发射率或全波发射率。

全波发射率总是小于 1 的正数，辐射温度总是小于真实温度，修正量比亮度温度更大。在 $\varepsilon = \varepsilon_\lambda$ 的情况下，辐射温度对真实温度的偏离要比亮度温度对真实温度的偏离大得多。一般来说，实际物体的光谱发射率 ε_λ 值要比其全波发射率 ε 值大，所以该物体的辐射温度与亮度温度在数值上相差甚远。

利用实际物体的全部波长辐射测量其温度的测温仪称为全辐射温度计，其感温元件是热电堆，能吸收全部波长范围内的辐射能，没有光谱选择性。

由于黑体辐射定律仅对于黑体才成立，全辐射法测量实际物体真实温度的最大障碍

是受到被测对象发射率的影响，存在"发射率修正"的困难。

3. 比色法测温计

当黑体与实际物体在某一光谱区域内的两个波长 λ_1 和 λ_2 的单色辐射亮度之比相等时，则黑体的温度 T_c 称为实际物体的颜色温度(比色温度)。

$$\frac{L_{\lambda_1}(T)}{L_{\lambda_2}(T)} = \frac{L^0_{\lambda_1}(T_c)}{L^0_{\lambda_2}(T_c)} \Rightarrow \frac{1}{T} - \frac{1}{T_c} = \frac{ln(\varepsilon_{\lambda_1} / \varepsilon_{\lambda_2})}{C_2\left(\dfrac{1}{\lambda_1} - \dfrac{1}{\lambda_2}\right)}$$

当 $e_{\lambda_1} = \varepsilon_{\lambda_2}$ 时，该物体称为灰体，绝对灰体在自然界是不存在的，只是在有限的光谱范围内具有近似的灰体特性。

当 $e_{\lambda_1} > \varepsilon_{\lambda_2}$ 时，物体的光谱发射率随波长增大而增大，大多数非金属包括金属氧化物都属于这种情况，实际的颜色温度小于真实温度，即 $T_c < T$。

当 $e_{\lambda_1} < \varepsilon_{\lambda_2}$ 时，物体的光谱发射率随波长增大而减小，大多数金属都属于这种情况，实际的颜色温度大于真实温度，即 $T_c > T$。

因此，亮度温度和辐射温度总是小于物体的真实温度，而颜色温度可能大于、等于和小于真实温度。

2.3.4 辐射测温的几个重要概念

1) 有效波长

根据普朗克定律，黑体的单色辐射量度是温度和波长的函数，在一定的波长下，黑体的单色辐射亮度是温度的单值函数。辐射量度测温法和比色测温法都使用了单色辐射量度的概念。

在实际测量中，使用普朗克定律，需要解决三个问题。

(1) 第一个问题是实际被测对象并不是黑体。

引入亮度温度的概念 $L^0_\lambda(T)$，并通过光谱发射率 $\varepsilon_{\lambda T}$ 和波长 λ，将实际物体的真实温度 T 与其亮度温度 T_s 联系起来，即

$$L^0_\lambda(T) = \frac{1}{T_s} - \frac{1}{T} = \frac{\lambda}{c_2} \ln \frac{1}{\varepsilon_{\lambda T}}$$

(2) 第二个问题是涉及辐射能的绝对测量。

要进行辐射能量的绝对测量极其困难，通常采取的办法是进行能量的相对测量或者比值测量，并得出被测对象的温度。因此 1990 年国际温标(ITS-90)规定，银凝固点以上的温度 T 可以用下式来定义：

$$\frac{L^0_\lambda(T)}{L^0_\lambda(T_0)} = \frac{\mathrm{e}^{c_2/\lambda T_0} - 1}{\mathrm{e}^{c_2/\lambda T} - 1}$$

式中，T_0 可以是银凝固点(1234.93K)，也可以是金凝固点(1337.33K)和铜凝固点(1356.55K)。

(3) 使用普朗克定律推出的亮度温度 $L_\lambda^0(T)$ 的 "单色" 问题。

根据亮度温度 $L_\lambda^0(T)$ 定义，必须在单一波长下进行。由于任何可检测到的辐射都是由一定宽度的光谱带组成；同时接收辐射的探测器也要求获得具有一定光谱区域的辐射能量，否则由于所接受的能量很小而无法做出响应。

按照相对测量或者比值测量方法，实际测量是在一段光谱区间 $[\lambda_1, \lambda_2]$ 内的辐射亮度之比，而不是单色辐射亮度之比，即

$$\frac{L_\lambda^0(T)}{L_\lambda^0(T_0)} = \frac{\int_{\lambda_1}^{\lambda_2} L_\lambda^0(T)\tau_\lambda \mu_\lambda \mathrm{d}\lambda}{\int_{\lambda_1}^{\lambda_2} L_\lambda^0(T_0)\tau_\lambda \mu_\lambda \mathrm{d}\lambda}$$

式中，τ_λ 为单色器的光谱透过率，μ_λ 为探测器的光谱响应。

2) 平均有效波长

在某一确定的波长下，对应于温度 T 和 T_0 的黑体的单色辐射亮度之比等于相同温度下仪器探测元件所接收到的黑体辐射亮度之比，则该波长称为该测温仪器在温度间隔 $[T_0, T]$ 内的有效波长或平均有效波长。

$$\left.\frac{L_\lambda^0(T)}{L_\lambda^0(T_0)}\right|_{\lambda=\lambda_e} = \frac{\int_{\lambda_1}^{\lambda_2} L_\lambda^0(T)\tau_\lambda \mu_\lambda \mathrm{d}\lambda}{\int_{\lambda_1}^{\lambda_2} L_\lambda^0(T_0)\tau_\lambda \mu_\lambda \mathrm{d}\lambda}$$

式中，λ_e 为有效波长或平均有效波长。

理论上讲，即便仪器探测元件具有非常好的灵敏度，都需要接收到一定光谱区域的足够的辐射能量，才会有测量结果，因此测温仪器在温度间隔 $[T_0, T]$ 内，总有一个确定的波长，使得仪器的测量结果和黑体的单色辐射亮度温度相对应。

同一台仪器对于不同的温度间隔，其有效波长也不相同；在温度间隔 $[T_0, T]$ 内，不同的测温仪器的有效波长也不相同。

在 T_0 一定的情况下，有效波长随着温度 T 的增加而减小。但是，有效波长随温度的变化很小，故仪器在一个温度范围内给出一个有效波长值，而不带来值得注意的误差。

根据维恩公式可以推出，有效波长 λ_e 如下：

$$\lambda_e = \frac{c_2\left(\dfrac{1}{T_0} - \dfrac{1}{T}\right)}{\ln\dfrac{\int_{\lambda_1}^{\lambda_2} L_\lambda^0(T)\tau_\lambda \mu_\lambda \mathrm{d}\lambda}{\int_{\lambda_1}^{\lambda_2} L_\lambda^0(T_0)\tau_\lambda \mu_\lambda \mathrm{d}\lambda}}$$

如果已知仪器 T_0 以及对应的辐射亮度 I_0（单色，实际是在一段光谱区间 $[\lambda_1, \lambda_2]$ 内的辐射亮度），可以推算出仪器测量的辐射亮度为 I 时对应的温度 T：

$$T = \frac{c_2}{\lambda_e \ln\dfrac{\int_{\lambda_1}^{\lambda_2} L_\lambda^0(T_0)\tau_\lambda \mu_\lambda \mathrm{d}\lambda}{\int_{\lambda_1}^{\lambda_2} L_\lambda^0(T)\tau_\lambda \mu_\lambda \mathrm{d}\lambda} + \dfrac{c_2}{T_0}} = \frac{c_2}{\lambda_e \ln\dfrac{I_0}{I} + \dfrac{c_2}{T_0}}$$

式中，温度 T_0 和 T 都为热力学温度。

根据上述公式进行校核，假定一台仪器使用的一段光谱区间 $[\lambda_1, \lambda_2]$ 为 650～670nm，在有效波长 $\lambda_e = 660\,\text{nm}$ 时，计算的温度与测得的辐射亮度 I_0 之间的关系完全符合普朗克定律，且由 T_0 (1473.15K) 以及对应的辐射亮度 $I_0 = 22827.34$ （实际是在一段光谱区间 650～670nm 的辐射亮度之和），可以推算出仪器测量的辐射亮度为 $I = 1650820$ （对应标准温度为 2073.15K）时对应的温度为 T：

$$T_{\lambda=660\text{nm}} = 2072.8\text{K}；与标准温度 2073.15K 相比，差-0.35K$$

$$T_{\lambda=670\text{nm}} = 2085.66\text{K}；与标准温度 2073.15K 相比，差 12.51K$$

当测量温度为 2073.15K 时，有效波长 $\lambda_e = 660\,\text{nm}$ 时，计算温度时误差为 0.35K；有效波长变 $\lambda_e = 670\,\text{nm}$ 时，其误差为 12.51K。

2.4 本 章 小 结

本章首先介绍了温度、温标的定义和温度量值溯源要求；在接触式温度测量中分析了电阻温度计和热电偶温度计的选择方法；最后在辐射测温中介绍了辐射测温的基本概念和理论基础以及常用的辐射测温方法。

第3章 多波长光谱辐射燃气温度测试

由于固体火箭发动机腔体内火焰燃烧状况比较复杂，是在高温、高压和很窄的空间中进行的高速化学反应；燃气涉及熔化、汽化、升华、分散、传热、扩散和流动物理过程；初始工作时间较短，燃气温度变化呈阶跃特性。因此，发动机燃烧室燃气温度测试的难点在以下几个方面：

(1)温度测量的高速动态响应特性，至少要满足每温度点的时间间隔不大于 10ms；

(2)高温、高压和燃气流动环境下温度信号采集；

(3)高温燃气成分复杂，在流动过程中还存在一些化学和物理变化；

(4)温度采集装置的结构强度满足发动机工作工程中的振动和冲击；

(5)对于高能固体推进剂，其燃烧温度理论上限可达 4000K。

常规温度测量方法主要有接触法测温和辐射测温两种方法，现有的测量用传感器和测量设备无论是在测量范围，还是动态响应指标方面，都很难满足发动机燃烧室燃气温度的测试要求，主要体现在：

1)接触法温度测量

目前，接触测温法测温所用传感器一般为电阻温度传感器和热电偶温度传感器，其测量上限一般不超过 1800℃，钨铼热电偶温度传感器的测温上限一般不超过 2300℃；温度测量的动态特性一般为几十毫秒、几百毫秒，甚至几秒不等，主要决定于应用领域、寿命和测量要求，通常情况，传感器敏感头小，支撑架细，则响应快，但结构强度不高。

因此，即使采用钨铼热电偶温度传感器对燃烧室燃气温度进行测量，测量范围上无法满足高能推进剂的燃烧温度的测量；对于燃烧温度在 2300℃以下的推进剂燃烧温度的测量，要满足几十毫秒，甚至几毫秒的温度测量动态特性，传感器的结构强度就必然变差，测试证明，即使对温度敏感头采取加固措施，在发动机工作振动、冲击和燃气流动冲刷的作用下，极易损坏；同时，在发动机工作过程中，燃气产物存在对温度敏感头的附着、污染和包覆现象。

2)辐射测温法

目前，真正用于准确测量发动机燃烧室燃气温度的方法未见报道。从辐射测温原理分析，主要存在以下几个方面的问题：

(1)亮度测温法和全辐射测温法都必须要知道燃气的光谱发射率或者发射率的值，否则无法获得测量温度结果。

(2)比色测温法需要选择两个或几个波长的辐射，其测量精度取决于波长点的选择是否合适，一方面是这些波长点的光谱发射率是否一致，另一方面辐射能量采集器在这些波长点上的噪声影响。

(3)亮度测温法和比色测温法原理，理论上都要求必须在单一波长下进行，而任何可检测到的辐射都是由一定宽度的光谱带组成；同时接收辐射的探测器也要求获得具有一定光谱区域的辐射能量，否则由于所接受的能量很小而无法作出响应，因此存在有效波长带来的一定误差。

(4)现有的测温精度较高，测量范围较大(不超过 3200K) 的测温设备，都存在响应慢，通常为几十毫秒、几百毫秒。

(5)如何在高温高压环境下采集温度的辐射信号，常规辐射测温设备无法实现的。

因此，需要根据发动机燃烧室燃气温度响应特性、燃气热辐射特性、燃气流动特性、测试过程中燃气成分发生的物理和化学变化影响，以及测试过程中振动和冲击等因素，研究一种新的测量方法和测试设备，满足燃烧室燃气温度快速高温度测量需求。

3.1　燃烧室燃气的热辐射特性

3.1.1　光谱辐射机理与温度的关系

热辐射是自然界普遍存在的现象。从理论上讲，物体热辐射的光谱波长可以包括整个波谱段，即波长从零到无穷大的范围。从微观层面上解释，物质辐射的光谱是组成该物质结构的原子或分子能级跃迁所产生的。根据组成物质微观粒子的不同，光谱可分为原子光谱和分子光谱[82]：原子光谱主要是电子跃迁所产生的电子光谱；分子光谱则包括电子跃迁和分子振动、转动所产生的电子光谱和振动光谱、转动光谱。根据物质发射光谱的形状不同，光谱可分为线状谱、带状谱和连续谱。

原子光谱是当原子价电子状态发生变化时发射或吸收近红外到紫外电磁辐射的谱，通常由气体原子或离子受高温激发。电子在不同的轨道上运动，这些轨道是分离的、不连续的，电子在不同轨道之间跃迁时辐射的能量也是不连续的、量子化的。反映在原子光谱中为一系列分离的谱线，一个线系中各谱线间隔都较大，只在接近线系极限处越来越密，该处强度也较弱；若原子外层电子数目较少，谱线系也为数不多。因此，电子光谱的分布范围很广，可位于紫外区($\lambda < 400\text{nm}$)、可见光区($\lambda=400\sim760\text{nm}$)和红外区($\lambda > 760\text{nm}$)。

分子结构比原子结构复杂，因此分子光谱的产生机理也比原子光谱复杂。若不考虑平动能和核自旋能，分子能级由电子能级、振动能级和转动能级组成。分子光谱是由分子中电子能级、振动能级和转动能级的变化产生的，分别叫作电子光谱、振动光谱、转动光谱[83]。这里的电子光谱也是由电子跃迁产生，与原子光谱产生机理相同；振动光谱，是由组成分子的原子核在平衡位置附近振动，引起振动能级的改变而产生的，相应的光谱主要分布在中红外区；转动光谱，是针对永久偶极子分子，分子绕着质心且与分子轴垂直的某轴整体在空间转动，使分子具有转动能，在离心力作用下，转动能级的改变使分子产生转动光谱，转动光谱主要分布在远红外区和微波区。分子光谱表现为数个密集谱线组所形成的带状谱，通常气体分子在高温下激发产生带状谱。分子光谱的波长分布范围很广，可分布在紫外区、可见光区至远红外区、微波区。

连续谱通常是液体或者固态物质在高温下激发，产生各种波长的光谱，谱线过于密集，不能分开成有间隔的谱线，形成带状分布。连续谱实际上是无数线状谱的叠加。

当气体处于激发态时，伴随组成气体的原子、分子能级之间的跃迁，会辐射光谱。光谱波长和跃迁能级之间存在如下关系：

$$\frac{hc_0}{\lambda} = E' - E'' \tag{3-1}$$

式中，h 为普朗克常量，$h = 6.626076 \times 10^{-34}$，J·s；$c_0$ 为真空中的光速，$c_0 = 2.99792458 \times 10^8$，m/s；$\lambda$ 为光谱波长，m；E' 为跃迁高位能级，J；E'' 为跃迁低位能级，J。

对于单原子分子，能级跃迁时只涉及电子能级的变化；对于多原子分子(双原子或三原子分子气体)，则还可能涉及振动能级或转动能级的变化。在能级跃迁时释放的能量以光谱辐射的形式散发出去。

根据维恩位移定律[84]，温度越高，辐射能落在可见光区就越多，红外区相应减少。分析气体分子不同光谱波段的辐射机理可知，紫外区和可见光区的光谱一般取决于电子能量的变化，即分子或原子周围的电子能级跃迁；近红外区的带状光谱取决于分子振动能和转动能的变化；远红外区的光谱则只取决于转动能的变化[85]。在 3000K 以下，气体辐射主要是由分子振动能和转动能的变化所造成的，产生的光谱主要分布在近红外区；当温度超过 3000K，气体离子化的程度逐渐加大，气体中的自由电子和离子的能量变化产生的是连续光谱，温度很高时，紫外和可见光区也会产生谱带[86]。

在固体火箭发动机中，固体推进剂燃烧产生大量的高温气体，气相产物主要包括 H_2O、CO_2、HCl、CO、N_2、H_2 和 NO 等。它们都是由分子构成，并且温度大多在 1500～4000K。因此，固体火箭发动机燃烧室高温燃气在近红外区和可见光都具有很强的热辐射。

基于多波长光谱辐射温度测试方法而研制的光谱仪，如果其测量的光谱波长在合适的范围内，特别是在近红外区和可见光，从理论上讲，是可以开展高温环境下火箭发动机燃烧室燃气温度测试研究。

3.1.2　燃气热辐射光谱特性分析

由于固体火箭发动机腔体内推进剂燃烧是在高温和高压下发生，是一个高动态燃烧过程，化学反应过程极其复杂，燃气成分复杂，产物众多。采用多波长光谱法进行温度的测量过程中，采集的光谱成分既有作为准平衡态的热辐射光谱；可能也有燃气流动过程中部分正在进行化学变化发光产生的辐射能量；可能还有部分粒子发生高能级跃迁，产生不连续的辐射光谱；同时还有可能在某个时刻有较多燃气产物，该产物在某个波长上的辐射能力较差，所有这些因素，造成光谱曲线上的吸收峰闪耀峰。因此，需要对上述可能存在的情况进行分析。

1)火箭发动机燃气产物影响

大多数的推进剂火焰的稳定气相产物主要包括 H_2O、H_2、CO_2、CO、N_2、HCl 和 NO 等；不稳定产物如 CH、C_2、NH、HCO、NH_2、OH、AlO、$AlCl$ 和 $AlCl_3$ 等，说明发动机燃气团是由多种产物组成的，因此发动机腔体内的燃气是不透热体，能吸收也能进行热辐射，可以通过辐射测温法进行测温。

2)作为准平衡态的光谱辐射特性影响

　　发动机腔体内的燃气作为温度被测对象，是对燃气中所有分子或原子的宏观统计状态物理量的测量，在每一个测量的时刻，原子和分子不发生化学变化，也不发生物理变化，达到一个热平衡状态，其辐射光谱应满足普朗克定律(忽略燃气的发射率影响)。

　　由于发动机腔体内的燃气温度一般在 1500～4000K，基于普朗克定理的高温光谱仪的测量光谱波长范围为 380～1100nm。也就是说利用普朗克定理测量温度就是对整个可见波长范围的被测物辐射波整合运作，进而通过系统得出被测物温度。只要被测物质的辐射光波存在范围在 380～760nm 的波长，基于普朗克定理的高温光谱仪就能测量出被测物质的温度，故从理论上基于普朗克定理的高温光谱仪适用于发动机高温燃气温度测量。

　　3) 测量过程中部分物质化学变化引起的发光影响

　　测量过程中，有部分物质存在化学反应，这些反应可能存在发光现象，由于涉及原子或分子的重组，发射的光一般为线状谱，光谱的曲线的个别波长上出现闪耀峰。

　　4) 部分粒子发生高能级跃迁引起的影响

　　一般情况下，气体温度达到 6000K 以上，气体会电离为等离子体，除自由电子以外，重粒子内部束缚电子能级是量子化的，因此内部电子从高能级到低能级跃迁是"束缚-束缚"跃迁，发射的光谱是分离线状光谱，燃气温度在 4000K 以下，粒子发生高能级跃迁的概率较小。

　　5) 个别产物在某个波长上的辐射能力较差的影响

　　由于推进剂成分不均匀，在某个测量时刻，产生一种特定的燃气产物，该产物在某个波长上的辐射能力较差，会造成光谱曲线上出现吸收峰。

　　因此，从上述分析可以看出，绝大多数连续谱满足普朗克定律，只有极少数波长上会出现吸收峰和闪耀峰，只要采取适当的措施，即可以采用普朗克定律进行计算。

3.1.3　发动机燃烧室黑体特性分析

1. 黑体空腔理论

　　根据经典物理学的观点，黑体应该是一个完全封闭的空腔，因为只有封闭的空腔才能使腔内所辐射的全部能量都在空腔内部被吸收而无任何能量逃逸。此外，这种空腔还应该是等温的，即空腔内处处温度相等，这样才能处于热平衡状态，从而存在温度辐射。

　　为了实现一个可用的黑体，在封闭的空腔上开一个探测用的小孔，通过小孔进入腔体的射线经过多次反射，只有极小部分会再经过小孔逸出，因此空腔的吸收率非常接近1，这种空腔与黑体辐射非常接近。而实际使用中的黑体模型都有一定大小的开口，由开口逸出的能量不可能忽略不计，因此实用的黑体空腔并不要求其黑度系数非常接近 1，而是能准确地知道它的黑度系数，通常采用理论计算黑度系数。

　　近年来，空腔辐射理论有很大进展，主要包括多次反射理论、积分方程理论和 Monte Carlo 理论，我国高明魁教授提出的矩形区域近似解法，进一步改进了积分方程理论的计算方法。

　　《辐射测温和检定/校准技术》(中国计量出版社)中介绍，俞伦鹏在等温和漫反射的基础上，应用辐射换热原理，推导出黑体的光谱发射率只与黑体腔口面积和黑体腔体内表面积之比，以及内表面的发射率有关：

$$\varepsilon_{\lambda s} = \cfrac{1}{1 + \cfrac{F_1}{F_2}\left(\cfrac{1}{\varepsilon_{\lambda 2}} - 1\right)} \tag{3-2}$$

式中，$\varepsilon_{\lambda s}$ 为黑体的光谱发射率；$\varepsilon_{\lambda 2}$ 为黑体腔内表面的光谱发射率；F_1 为黑体的腔口面积；F_2 为黑体腔体内表面积。黑体空腔的形状取决于实际应用中的诸多因素，典型的如圆筒形(Mikron)(带盖或不带盖)、圆锥-圆筒形、双锥形、球形等。

　　利用黑体空腔研制的实际使用中的黑体炉，不仅要求其黑度系数(发射率)接近 1，而且其光谱辐射能量在要求的波段内应符合普朗克定律，即在要求的波段内，其光谱发射率不变，根据灰体的定义，实际使用中的黑体炉更准确的说法是灰体。

2. 发动机燃烧室黑体特征分析

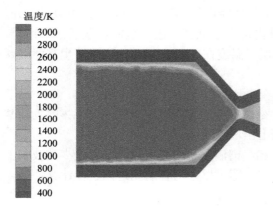

灰体辐射体的发射率小于1，但光谱发射率与波长无关，其颜色温度等于它的真实温度。绝对灰体并不存在，只是在有限的光谱范围内具有近似灰体的特征。

固体推进剂在发动机内燃烧时，发动机内燃气温度分布如图 3-1 所示。

根据黑体空腔理论分析，发动机燃烧室燃气温度的仿真(图 3-1)，以及发动机腔体内燃气辐射特性的分析，得出以下结论。

图 3-1　固体火箭发动机燃烧室燃气温度分布仿真图

　　(1)由于尾喷管采用小孔挡药板，近似于密闭的腔体，与实用黑体模型相似。

　　(2)挡药板出射孔的面积与固体火箭发动机的内表面积相比较，占比很小，与实用黑体的模型近似。

　　(3)由于燃烧室和喷管流场实际分布情况在理论上已经有了非常成熟的结论。理想情况下，燃烧室可以看成是压力和温度都均匀分布的气体，符合黑体"空腔等温"的要求。

　　(4)在发动机壁面绝热的条件下，虽然高温燃气从尾喷管挡药板孔带走部分能量，但是固体燃料燃烧(不需要外界补充氧化剂)产生的高温燃气迅速补充了损失的能量和气体量，在假定固体燃料可燃的成分完全一致的情况下，就能保证发动机稳定工作段的压强、向外的气体流量没有变化，发动机腔体内就能达到一定程度的热平衡。

　　因此，发动机腔体内的燃气辐射光谱可以近似地认为是灰体辐射光谱，可以采取适当措施，对光谱曲线上的吸收峰和闪耀峰进行处理，同时解决好光谱曲线测量中的干扰信号，就可以通过普朗克定律，获得良好的温度测量结果。

　　按照黑体空腔特性分析，发动机燃烧室与黑体空腔的各项要求非常相似，因此，发动机燃烧室高温燃气光谱可以近似地认为是灰体辐射光谱。

3.2　多波长光谱辐射燃气温度测试原理

　　根据前述分析，发动机燃烧室燃气在近红外区和可见光都具有很强的热辐射，发动机燃烧室与黑体空腔的各项要求非常相似，发动机燃烧室高温燃气光谱可以近似地认为是灰体辐射光谱，绝大多数热辐射光谱曲线满足普朗克定律。

　　根据现有的温度测量理论，能够满足燃烧室燃气温度测量上限的只有辐射测温法，理论上无测量上限，直接测量热力学温度，光谱探测器选择得当，有一定的快速响应。因此，可采用多波长光谱热辐射测温原理进行燃气温度的测试。

3.2.1　发射率和光谱发射率对辐射测温的影响分析

　　基于普朗克定律的亮度测温法、全辐射测温法和比色测温法，都要用到被测物体的发射率和光谱发射率的值。由于发射率是温度、波长、表面状态及辐射方向的函数，准确测量相当困难，大多数情况下是设定发射率（根据经验制作的发射率表格或事先测定的发射率），求出被测物体的温度。

　　全辐射法发射率误差影响最大，亮度法发射率误差影响较小，比色法发射率影响最小，其误差影响见表 3-1。

表 3-1　测量方法及基本公式

测量法	亮度法	全辐射法	比色法
基本公式	$\varepsilon_{\lambda T} L^0_{\lambda T} = L^0_{\lambda Ts}$	$\varepsilon \sigma T^4 = \sigma T_p^4$	$\dfrac{L_{\lambda_1}(T)}{L_{\lambda_2}(T)} = \dfrac{L^0_{\lambda_1}(T_c)}{L^0_{\lambda_2}(T_c)}$
测量温度与真实温度差	$\dfrac{\Delta T_s}{T} = \dfrac{T - T_s}{T} = \dfrac{\lambda T_s}{c_2} \ln \dfrac{1}{\varepsilon_\lambda}$	$\dfrac{\Delta T_p}{T} = \dfrac{T - T_p}{T} = 1 - \varepsilon^{1/4}$	$\dfrac{\Delta T_c}{T} = \dfrac{T - T_c}{T} = \dfrac{T_c}{c_2 \left(\dfrac{1}{\lambda_2} - \dfrac{1}{\lambda_1} \right)} \ln \dfrac{\varepsilon_{\lambda_1}}{\varepsilon_{\lambda_2}}$
发射率误差引起温度误差	$\dfrac{dT_s}{T_s} = \dfrac{\lambda T_s}{c_2} \ln \dfrac{d\varepsilon_\lambda}{\varepsilon_\lambda}$	$\dfrac{dT_p}{T_p} = \dfrac{1}{4} \dfrac{d\varepsilon}{\varepsilon}$	$\dfrac{dT_c}{T_c} = \dfrac{T_c}{c_2 \left(\dfrac{1}{\lambda_2} - \dfrac{1}{\lambda_1} \right)} \dfrac{d\left(\dfrac{\varepsilon_{\lambda_1}}{\varepsilon_{\lambda_2}} \right)}{\dfrac{\varepsilon_{\lambda_1}}{\varepsilon_{\lambda_2}}}$

　　亮度法是辐射测温中最重要的方法，该方法历史最长，测温灵敏度高，亮度温度与真实温度偏差较小；全辐射法的辐射感温器也是应用较广泛的测温仪器，主要是结构简单、价格便宜、使用方便。相对光谱发射率，比色测温法具有以下突出优势：

　　(1)大多数物体的颜色温度比亮度温度更接近真实温度，特别当实际物体接近灰体时，则可以认为实际物体的颜色温度等于它的真实温度。

　　(2)比色测温法受被测物体光谱发射率影响小，针对被测物体的辐射特性，以及中间吸收介质的光谱吸收特性，合理选择两个工作波长就可以大大减小因被测体光谱发射率变化而引起的误差，以及中间介质吸收的影响。

　　(3)比色测温法灵敏度高，更适用于低发射率物体的温度测量，尤其是适合测量"灰"体的真实温度。

3.2.2　基于普朗克定律的多光谱辐射测温

随着技术飞速进步，高新设备成本的大幅下降，使得新的技术和新的测量设备应用于发动机燃烧室燃气温度的测试成为可能，尤其是光谱分析仪技术发展，不仅在光谱信号的采集速度方面可以达到毫秒级，光谱波长的分辨率甚至可以达到纳米级，如果用在温度测量上，其单色辐射亮度温度所用的"单色"更像是"单一波长"。

从辐射测温原理分析，比色测温更适合测量固体火箭发动机体燃烧室燃气温度。最新的光谱分析仪能够根据需要进行光谱波段参数的定制，可以在实际物体热辐射的某一光谱区域内采集 n 个波长 λ_1，λ_2，λ_3，$\cdots$，λ_n 点的热辐射能量 $Q_{\lambda_1}(T)$，$Q_{\lambda_2}(T)$，$Q_{\lambda_3}(T)$，$\cdots$，$Q_{\lambda_n}(T)$，利用比色测温的思路，抵消或者减小光谱发射率对温度测量结果的营影响。

将实测的某个波长点 λ_1 的辐射能量 $Q_{\lambda_1}(T)$ 归一化 1，其他波长点的实测辐射能量 $Q_{\lambda_n}(T)$ 与 $Q_{\lambda_1}(T)$ 进行比值计算，获得 $\lambda_1 \sim \lambda_n$ 波段内的实测相对光谱曲线；根据普朗克定律，计算各波长点 λ_n 的标准辐射能量 $Q_{\lambda_n}(T_c)$，以 λ_1 的标准辐射能量 $Q_{\lambda_1}(T_c)$ 归一化 1，计算其他波长点的标准辐射能量 $Q_{\lambda_n}(T_c)$ 与 $Q_{\lambda_1}(T_c)$ 的比值，获得 $\lambda_1 \sim \lambda_n$ 波段内标准相对光谱曲线；实测相对光谱曲线与标准相对光谱曲线进行比较，当两个曲线最接近，则 T_c 值就是实际物体的温度值 T。

普朗克定律的相对光谱曲线 $Q'_{\lambda_n}(T_c)$，是温度和波长的函数，表达式为

$$Q'_{\lambda_n}(T_c) = \frac{L_{\lambda_n}(T_c)}{L_{\lambda_1}(T_c)} = \left(\frac{\lambda_1}{\lambda_n}\right)^5 \frac{e^{c_2/\lambda_1 T_c} - 1}{e^{c_2/\lambda_n T_c} - 1} \tag{3-3}$$

由于光谱发射率的问题，实测相对光谱曲线 $Q'_{\lambda_n}(T)$，是温度、波长和光谱发射率的函数，表达式为

$$Q'_{\lambda_n}(T) = \frac{Q_{\lambda_n}(T)}{Q_{\lambda_1}(T)} = \frac{\varepsilon_{\lambda_n} L_{\lambda_n}(T_c)}{\varepsilon_{\lambda_1} L_{\lambda_1}(T_c)} = \left(\frac{\lambda_1}{\lambda_n}\right)^5 \cdot \frac{e^{c_2/\lambda_1 T_c} - 1}{e^{c_2/\lambda_n T_c} - 1} \cdot \frac{\varepsilon_{\lambda_n}}{\varepsilon_{\lambda_1}} \tag{3-4}$$

因此有　$Q'_{\lambda_n}(T) = Q'_{\lambda_n}(T_c) \cdot \dfrac{\varepsilon_{\lambda_n}}{\varepsilon_{\lambda_1}}$。

在波长 λ_2，λ_3，$\cdots$，λ_n 各点上，普朗克定律的相对光谱曲线 $Q'_{\lambda_n}(T_c)$ 与实测相对光谱曲线 $Q'_{\lambda_n}(T)$ 之间只是多了光谱发射率比值因子；当所用波长的范围确定，一个温度值只有一条曲线，曲线与温度之间有严格对应关系；普朗克定律的相对光谱曲线 $Q'_{\lambda_n}(T_c)$ 与实测相对光谱曲线 $Q'_{\lambda_n}(T)$ 重合或近似程度最高时，则认为 T_c 值就是实际物体的温度值 T。

比色测温法，实际物体在某一光谱区域内的两个波长 λ_1 和 λ_2 的单色辐射亮度之比，与一个黑体温度值 T_c 在两个波长 λ_1 和 λ_2 点上的相对应之比相等时，T_c 值就是实际物体的温度值 T；而相对光谱曲线法，实际物体在某一光谱区域内有 n 个波长，在波长点 λ_1 与波长点 λ_2，λ_3，$\cdots$，λ_n 的单色辐射亮度之比，与一个黑体温度值 T_c 的 n 个波长的相对应之比相等时，T_c 值就是实际物体的温度值 T。

　　采用相对光谱曲线相似法测温，继承了比色测温法光谱发射率对测量结果影响小的优点。由于采用 n 个波长点的值，通常情况可达数百个数据参与运算，相对于比色测温法，主要有以下优势：

　　(1) 比色测温法测温，用两个波长点的单色辐射亮度比值计算温度，如果这两值含有一定的噪声，则结果会相差很远；光谱曲线相似法测温，各波长点的辐射能量采集噪声对测量结果影响小。

　　(2) 不存在波长点的选择的困难，如果个别点的光谱发射率有变化，由于 n 个波长点的值参与运算，因此对温度测量结果没有大的影响。

　　绝大多数情况下，在有限的波长宽度内，被测物体的光谱发射率变化很小，即使有一定变化，在数百个波长点的数据参与运算下，可以通过相似性理论和方法进行评价。同时，根据前述分析，可以近似地认为，发动机燃烧室高温燃气光谱是灰体辐射光谱。因此，采用光谱曲线相似法进行发动机燃烧室燃气温度测量是较好的手段和方法。

3.2.3　光谱数据处理

　　1. 基本步骤

　　以波长、温度和光谱辐射力的关系作为数据处理依据，采用光谱分析仪获取被测对象多个光谱波长和对应的光谱辐射力数据，建立波长和光谱辐射力的数学模型，得到光谱辐射力和波长的实测相对光谱曲线，与不同温度下的普朗克相对光谱曲线进行匹配，当曲线的吻合程度最高时，普朗克曲线所代表的温度即为被测对象的温度。数据处理流程如图 3-2 所示。具体实施步骤。

　　(1) 根据所用波长段，建立不同温度的基于普朗克定律的相对光谱曲线库。

　　(2) 光谱仪采集的 n 组数据 $Q_{\lambda_n}(T)$，对光谱辐射力进行修正后，基于最小二乘原理，采用曲线拟合法，得到光谱辐射力与对应波长的实测关系曲线。

　　(3) 将实测关系曲线与不同温度下的普朗克曲线进行相似性检验，当两条曲线的相似程度最高时，即认为普朗克曲线所表征的温度为实测温度。

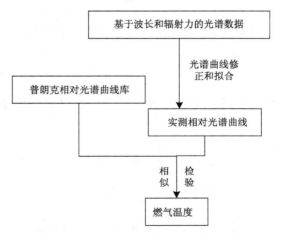

图 3-2　多波长光谱辐射测温方法数据处理流程

2. 数据处理方法

1) 曲线拟合法

若 x 和 y 都是被测量的物理量,其中 y 是 x 的函数,由理论曲线给出函数关系公式:

$$y = f(x; c_i, \cdots, c_m) \tag{3-5}$$

公式 (3-5) 的函数形式由此给定,函数形式包含着 m 个未知参数 c_1,…, c_m,所以理论曲线的最终形式是不明确的。为了确定理论曲线,一共测量得到 n 组 x 与 y 的测量值,即

$$(x_1^*, y_1^*), (x_2^*, y_2^*), \cdots, (x_n^*, y_n^*)$$

曲线拟合的任务就是根据这些测量值,寻求参数 c_1, c_2,…, c_m 的最佳估计值 $\hat{c}_1$,…, $\hat{c}_m$,即寻求理论曲线式 (3-5) 的最优估计 $y = f(x; \hat{c}_1, \cdots, \hat{c}_m)$。

另外,由于物理量 y 和 x 之间的函数形式是未知的,需要利用测量点值推导出 y 和 x 的经验函数关系式。比如,可以用一个 $m-1$ 阶多项式拟合处理观测数据 (x_i^*, y_i^*),$(i = 1, 2, \cdots, N)$,即假设理论曲线是

$$y = f(x; c_i, \cdots, c_m) = c_1 + c_2 x + c_3 x^2 + \cdots + c_m x^{m-1} \tag{3-6}$$

事实上,正确地使用经验公式对于数据拟合结果具有重要的意义。本书采用多项式拟合光谱辐射力和波长数据。

2) 最小二乘法

最小二乘法是曲线拟合法中比较常用的方法,最小二乘法选取测量点残差的加权平方和作为目标函数。如果可以忽略 x 的测量误差,测量点 i 的残差 δ_i 定义为 y 的测量值与理论值之差,即

$$\delta_i = y_i^* - y_i = y_i^* - f(x_i; c_i, \cdots, c_m) \tag{3-7}$$

如果测量值 y_i^* 的标准误差为 σ_i,那么 y_i^* 的权重因子为 σ_i 的平方的倒数,即

$$\omega_i = \frac{1}{\sigma_i^2} \tag{3-8}$$

定义拟合量 χ^2 为测量点残差的加权平方和,则 χ^2 可表示为

$$\chi^2 = \sum_{i=1}^{n} \omega_i \delta_i^2 = \sum_{i=1}^{n} \omega_i \left[y_i^* - f(x_i; c) \right]^2 \tag{3-9}$$

最小二乘法采用拟合量 χ^2 作为目标函数,寻求使 χ^2 最小的参数值 $\hat{c}$ 作为参数的估计值,即

$$\chi^2 \big|_{c=\hat{c}} = \sum_{i=1}^{n} \omega_i \delta_i^2 \big|_{c=\hat{c}} = \min \tag{3-10}$$

拟合量 χ^2 的最小值用 $\chi_{\min}^2$ 表示,则 $\chi_{\min}^2$ 可表示为

$$\chi_{\min}^2 = \chi^2 \big|_{c=\hat{c}} = \sum_{i=1}^{n} \omega_i \left[y_i^* - f(x_i; c) \right]^2 \tag{3-11}$$

满足最小二乘准则式(3-10)的参数 $\hat{c}$，可以由下列方程组

$$\frac{\partial}{\partial c_k}\sum_{i=1}^{n}\omega_i\delta_i^2 = \sum_{i=1}^{n}w_i\delta_i\frac{\partial \delta_i}{\partial c_k}=0, \qquad k=1,2,\cdots,m \tag{3-12}$$

解出。即用方程组

$$\sum_{i=1}^{n}\omega_i\left[y_i^* - f(x_i;c_1,\cdots,c_m)\right]\frac{\partial f(x_i;c_1,\cdots,c_m)}{\partial c_k}=0, \qquad k=1,2,\cdots,m \tag{3-13}$$

解出参数的最小二乘估计值 $\hat{c}_1,\cdots,\hat{c}_m$。

如果理论曲线 $y=f(x;c)$ 是对于参数 c 的线性函数，则最小二乘方程组(3-13)是未知参数 c 的线性联系方程组，可直接求出 $\hat{c}$。一般情况下，方程组(3-13)是未知参数的非线性方程组，不能直接求解，只能通过间接方式解出，具体有两种方法：一是将函数对参数 c 做近似泰勒展开，使方程组(3-13)线性化，用逐次迭代法求解[79, 80]；二是用计算机直接对目标函数进行优化计算，以搜索出满足最小二乘准则式(3-10)的参数值 $\hat{c}$。

3）曲线相似性检验

对于光谱辐射力和波长的测量值，基于最小二乘原理的曲线拟合法，只能得到光谱辐射力关于波长的一元函数，而普朗克定律表达式(2-1)表明光谱辐射力和波长、温度之间存在二元关系。因此，需要对拟合得到的实测关系曲线和普朗克曲线进行相似性检验，相似程度最高时的普朗克曲线所反映的温度即被测对象的温度。

在这里，对于两条曲线的相似性检验是基于求解赋范线性空间中两个连续函数的最短距离[81]。为此引入赋范线性空间的概念，记为 $(V,\lVert \cdot \rVert)$，相关概念介绍参考文献[81]。假设 $f(x)$ 和 $g(x)$ 是区间 $[a,b]$ 上的连续函数，并且 $f(x)$ 和 $g(x)$ 是赋范线性空间 $(V,\lVert \cdot \rVert)$ 上的任意两个元素，定义它们之间的距离为

$$d(f,g)=\lVert f-g \rVert \tag{3-14}$$

特别地，对于赋范线性空间 $(V,\lVert \cdot \rVert)$ 上的元素 $f(x)$ 和 $g(x)$ 之间的距离为

$$d(f,g)=\lVert f-g \rVert_2 = \left\{\int_a^b\left[f(x)-g(x)\right]^2\mathrm{d}x\right\}^{\frac{1}{2}} \tag{3-15}$$

对于一个已知函数 $f(x)$，在赋范线性空间 $(V,\lVert \cdot \rVert)$ 上存在一个连续未知函数 $g(x)$ 使得 $d(f,g)$ 取得最小值，定义为 $d_{\min}(f,g)$。

具体到本书，光谱辐射力和波长的实测关系曲线表达式记为 $f(\lambda)$，而普朗克曲线表达式记为 $g(\lambda,T)$，$[a,b]$ 为波长测量区间。

寻求参数 $\hat{T}$，使 $d\left[f(\lambda),g(\lambda,T)\right]=d_{\min}\left[f(\lambda),g(\lambda,T)\right]$ 成立，即满足：

$$d_{\min}\left[f(\lambda),g(\lambda,T)\right]=\left\{\int_a^b\left[f(\lambda)-g(\lambda,T)\right]^2\mathrm{d}\lambda\right\}^{\frac{1}{2}} \tag{3-16}$$

时，说明实测关系曲线和普朗克曲线的相似程度最高。

满足式(3-16)的温度$\hat{T}$，可由方程

$$\frac{\partial}{\partial T}d\left[f(\lambda),g(\lambda,T)\right]=\frac{\partial}{\partial T}\left\{\int_a^b\left[f(\lambda)-g(\lambda,T)\right]^2d\lambda\right\}^{\frac{1}{2}}=0 \tag{3-17}$$

解出，此时温度$\hat{T}$代表被测对象的温度。

3.2.4　燃气热辐射光谱曲线特征验证

使用经过光谱辐射校正的分析仪，首先对经过溯源的某温度点的黑体炉的辐射光谱进行测量，实测光谱曲线如图 3-3 所示，与相对应的某温度点的黑体辐射相对光谱标准曲线比较如图 3-4 所示。

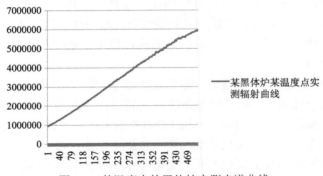

图 3-3　某温度点的黑体炉实测光谱曲线

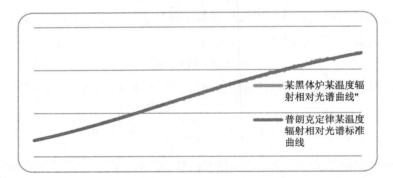

图 3-4　某温度点的黑体炉辐射相对光谱与普朗克定律标准曲线比较

可以看出，经过溯源满足要求的黑体炉（一般作为辐射温度计的量值传递标准）的光谱曲线光滑，其光谱发射率基本没有变化，与黑体辐射相对光谱标准曲线的相似性非常好，按照最小二乘法评定，相似度 99.5%以上，验证了"采用相对光谱曲线与黑体辐射相对光谱标准曲线进行比较的方式获得温度值的方法"的正确性。

使用经过光谱辐射校正的分析仪，对含铝量不同的三种固体推进剂的发动机燃烧室燃气辐射光谱进行测量，各取测试过程中的一个温度点的实测光谱数据作图，其光谱曲线分别为图 3-5～图 3-7，其相对光谱曲线与相对应温度点的黑体相对光谱标准曲线进行

比较分别如图 3-8～图 3-10 所示。

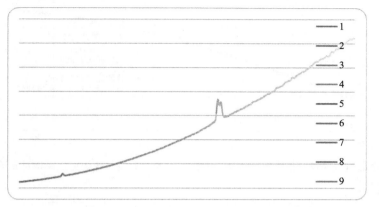

图 3-5　含铝 1%的复合推进剂燃气某温度点的辐射光谱曲线

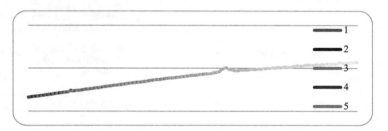

图 3-6　含铝 10%的复合推进剂燃气某温度点的辐射光谱曲线

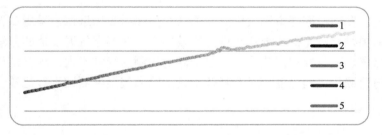

图 3-7　含铝 18%的复合推进剂燃气某温度点的辐射光谱曲线

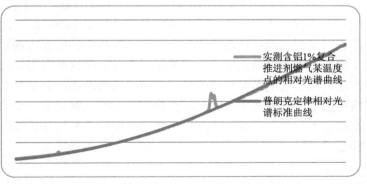
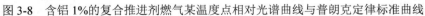

图 3-8　含铝 1%的复合推进剂燃气某温度点相对光谱曲线与普朗克定律标准曲线

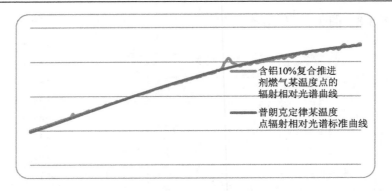

图 3-9　含铝 10%的复合推进剂燃气某温度点相对光谱曲线与普朗克定律相对光谱标准曲线

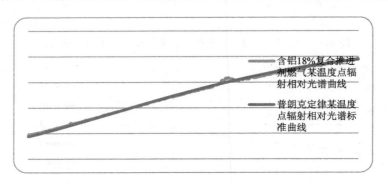

图 3-10　含铝 18%的复合推进剂燃气某温度点相对光谱曲线与普朗克定律相对光谱标准曲线

可以看出，发动机燃烧室燃气辐射光谱与灰体辐射光谱近似，采用多波长的相对光谱曲线与黑体辐射相对光谱标准曲线进行比较的方式获得燃气温度值的方法，在曲线上的个别波长点出现吸收峰和闪耀峰，对整个温度的测量影响不大，这一结论将在后面章节中，通过与钨铼热电偶温度计对双基药推进剂的燃气温度测试进行比较，得到进一步证明。

3.3　本　章　小　结

本章从发动机燃烧室燃气温度测试的难点出发，分析了燃烧室燃气的热辐射特性，根据黑体空腔理论，证明发动机燃气的辐射光谱与"灰体"辐射光谱近似；根据比色测量温度的思路，提出了基于普朗克定律的多波长光谱辐射燃气温度测试方法的基本原理以及数据处理方法，即"采用实际物体的相对光谱曲线与黑体辐射相对光谱标准曲线进行比较的方式获得温度值的方法"。并通过实测黑体炉的辐射光谱和发动机燃气光谱，进一步证明了发动机燃气辐射光谱的"灰体"特征，以及多波长光谱辐射燃气温度测试方法的实用性和正确性。

第4章　多波长光谱辐射燃气温度测试系统组成

在第 2 章中，介绍了多波长光谱辐射测温方法的原理和数据处理方法。在此基础上，建立多波长光谱辐射温度测试系统。

4.1　燃气温度测试系统总体设计

多波长光谱辐射燃气温度测试系统的主要组成有：多波长光谱仪、测控和数据处理系统、光谱传输系统(包括准直镜、光纤、光纤可变衰减器)和控制组件等[87-91]。多波长光谱辐射温度测试系统的示意图如图 4-1 所示。

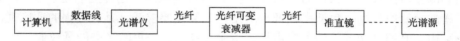

图 4-1　多波长光谱辐射温度测试系统示意图

4.2　多波长光谱仪

光谱仪是多波长光谱辐射温度测试系统中最重要的组件之一，光谱仪的性能在很大程度上决定了测试系统的性能。

光谱仪是将辐射源的辐射光谱分离出所需的波长或者波长区域，并在选定的波长上(或扫描某一波段)进行强度测定的仪器[92]。为此，光谱仪应该具有如下功能：把观测对象的辐射光谱按波长或波数分开；测定分光后各光谱谱线的波长及其所具有的能量。

要具备上述功能，多波长光谱仪的主要构件应包括入射狭缝、光谱带宽滤波器、准直镜、色散系统、聚焦镜、光电传感器、A/D(模/数)转换器等，色散系统和光电传感器是其中的核心部件。多波长光谱仪的工作原理如图 4-2 所示。

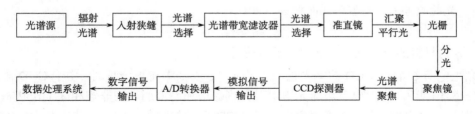

图 4-2　多波长光谱仪工作原理框图

1. 色散系统

色散系统的主要作用是分光。按照分光原理的不同，分光系统主要分为四类[93]。

(1) 滤光片 (F-P 干涉) 分光系统。这类分光系统的光谱测量范围与所对应波长的镜面反射系数有关，可用于从紫外到红外光谱区，理论分辨率高。但是自由光谱范围较窄，只能在单一或者少数几个波长下测定数据，并且结构、装调复杂，稳定性和重现性差。

(2) 棱镜分光系统。光谱测量范围主要受棱镜材料的透光率和色散率影响，通常用于可见光。这类分光系统的自由光谱范围和光谱测量范围一致，不会产生光谱叠级现象，但是，受到材料一致性、稳定性和加工性能影响，很少采用。

(3) 傅里叶变换分光系统。光谱测量范围主要受光学元件的限制，常用于可见至红外光谱区。虽然傅里叶变换分光系统的潜力很大，受现阶段干涉系统极限光程差和光程差变化间隔限制，相比于其他分光系统，优势不太明显。

(4) 光栅分光系统。光栅分光系统应用于 20 世纪 70 年代中期至 80 年代，其自由光谱范围和测量范围都比较大，测量范围可从 X 射线到微波，包含整个光谱区。同时光栅分光系统的分辨率较高、色散率较低，对结构、装调要求低，具有较强的适应性，因而被广泛采用。光栅分光系统的主要劣势就是通光量低，采集的光谱能量较弱。

发动机燃气中的凝相颗粒对燃气辐射光谱存在干扰，因此对燃气温度测试系统的稳定性和适应性要求较高。并且燃气温度最高可达 3500℃，在近红外和可见光区，燃气辐射的光谱能量很强。综合考虑，本书选择光栅分光系统，在满足稳定性和适应性要求下，兼顾高分辨率和低色散率的性能。

2. 光电传感器

CCD 探测器是光谱仪中应用最为广泛的光电传感器。CCD 的全称叫电荷耦合器件，是把入射光在光敏单元激发出的光信息转换成模拟电信号的器件[94]。CCD 探测器是一种硅基多通道阵列探测器，可探测紫外光、可见光和近红外光谱信号，可以在一次采集中探测到整段光谱。CCD 探测器适合分析微弱的光谱信号，具有重量小、体积小、动态范围大、准确度高、稳定性高、寿命长等优点。

CCD 探测器的基本原理如下。

当入射光照射到 CCD 光敏单元上时，光敏单元中将产生光生电荷 Q，Q 与光子流速率 N_{eo}、光照时间 t_c、光敏单元面积 A 成正比，即

$$Q = \eta q N_{eo} A t_c \tag{4-1}$$

式中，η 为材料的量子效率；q 为电子电荷量。

光生电荷 Q 表征 CCD 的曝光量，光照时间 t_c 表征曝光积分时间。由于 CCD 器件是光积分型器件[95]，光生电荷数随光谱辐射强度的增加而增加，在非饱和区工作状态下，CCD 器件的输出电压与曝光量成正比。当 CCD 器件的曝光时间太长或光强太大时，会导致光敏单元上的电荷饱和溢出，CCD 输出信号失真。因此必须保证 CCD 光敏单元的进光量在合适的范围内，通常采用控制积分时间、改变光圈大小或者在光学镜头前加中

性衰减片的方法，以保证 CCD 工作在非饱和区。

　　CCD 器件中存在暗电流的现象[96]。在正常工作情况下，光敏单元中的电荷不会饱和，处于非平衡状态，随着时间变化，热激发产生的少量载流子使系统趋向平衡，减小 CCD 探测器动态测量范围。一种扩展 CCD 动态范围的方法是根据光的强弱改变每次测量的积分时间。另外，可以采取冷却的方式使热生电荷的生成速率降低，减小暗电流现象的影响效果。但是 CCD 器件的冷却温度不能太低，因为冷却也会减弱光生电荷的迁移能力。通常有两种冷却方式：一种是半导体制冷，最低冷却温度达−90℃；另一种是液氮低温制冷，最低冷却温度可达−196℃。大多数 CCD 探测器使用半导体制冷的方式。

　　按照光敏探测单元排列方式的不同，CCD 探测器可分为线阵 CCD 和面阵 CCD。线阵 CCD 的探测单元成线状排列，探测单元数量有限，通常应用于单色法或比色法；而面阵 CCD 的光敏探测单元数量较多，可以进行多通道操作，适合较多光谱数据的采集。

　　根据多波长光谱辐射测温原理，需要采集大量的光谱数据进行曲线拟合，因此只有面阵 CCD 探测器具备这样的功能。同时为保证探测器长期稳定工作，在光谱仪结构空间有限的情况，采用半导体制冷方式对 CCD 探测器降温。

　　3. 入射狭缝、光谱带宽滤波器和准直镜

　　入射狭缝是一条狭窄细长的缝孔，可以控制入射光谱的波长范围和光谱的能量，限制某些方向的杂散光进入光栅。在入射狭缝的基础上可以另外配置光谱带宽滤波器，入射狭缝和滤波器共同控制进入光栅的光谱波长范围。准直镜的作用是减小入射光的发散角，将入射光汇聚成平行光。

　　4. 聚焦镜和 A/D 转换器

　　聚焦镜的作用是聚焦经光栅分光色散后的光束，使其在 CCD 阵列上形成一系列像点。每一个像点对应于一个特定波长，像点越小，CCD 探测器的分辨率越高。

　　A/D 转换器将 CCD 探测器输出的模拟电信号转换为数字信号，其主要性能指标为分辨率，通常以数字信号的位数表示。分辨率又可以反映 A/D 转换器的精度，本书采用 18 位分辨率的 A/D 转换器，具有很高的精度。

　　为满足火箭发动机燃气温度测试的需要，本书所选用的多波长光谱仪主要由入射狭缝、光谱带宽滤波器、光栅分光系统、

图 4-3　多波长光谱仪

聚焦镜、低噪声 CCD 探测器以及 18 位 A/D 转换器所组成。多波长光谱仪实物如图 4-3 所示，内部结构如图 4-4 所示。

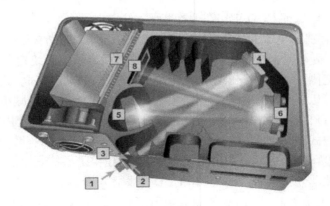

图 4-4　多波长光谱仪内部结构

1.光纤接头；2.入射狭缝；3.光谱带宽滤波器；4.准直镜；5.光栅；6.聚焦镜；7.CCD 探测器；8.OFLV 滤波器（可选）

4.3　测控系统和数据处理系统

测控系统由多波长光谱仪上的控制组件和计算机控制软件两部分组成，而数据处理系统主要指计算机上的数据处理软件。

1. 测控系统

测控系统作用是实现多波长光谱仪的光谱数据采集，包括时序控制系统、信号处理系统以及电路控制系统。各个系统的功能如下。

时序控制系统，主要是时序产生及驱动模块：接受微处理器的控制信号，产生 CCD 工作时序、A/D 转换时钟和缓存读写时钟。对于 CCD 工作时序的控制是测控系统的关键，主要涉及积分时间的调整。多波长光谱仪对于积分时间的控制有两种方式：一是固定模式，设置固定的积分时间；二是自动模式，系统可以根据上一个积分时间里计算出的光谱强度值，自动调整下一次数据采集的积分时间，以保证 CCD 探测器处于非饱和工作状态。

信号处理系统，包括信号放大模块、A/D 转换模块和数据缓存模块。信号处理模块：接受 CCD 输出的模拟信号，采用放大电路处理 CCD 的电信号，并输出给 A/D 转换器。A/D 转换模块：将信号处理模块输出的模拟信号转换成数字信号，并输出给数据缓存模块。数据缓存模块：接收来自 A/D 的数字信号，临时存储数据并输出给接口模块。

电路控制系统，包括微控制器、接口模块以及测控软件。微控制器：产生时序控制和缓存读写信号，接收接口模块的指令并控制数据传输。接口模块：接收计算机控制模块的指令，并传输至微控制器，接收数据缓存模块的输出数据并传输给测控软件模块。测控软件：发送控制指令，接收接口传输的数据，并将数据传输给数据处理系统。

2. 数据处理系统

数据处理系统主要包括数据处理软件：对测控系统采集的光谱数据进行处理后，基于多波长光谱辐射温度测试方法，通过对原始数据进行修正和拟合，从而得到被测对象的温度。

测控系统和数据处理系统的整体方案框图如图 4-5 所示。

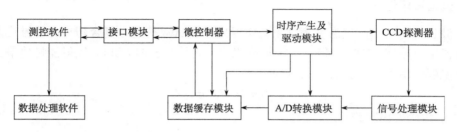

图 4-5　测控系统和数据处理系统整体方案

4.4　光谱传输系统

光谱传输系统是辐射光谱的传输通道，主要包括准直镜、光纤和光纤可变衰减器。

准直镜作为光纤的探头，将辐射光谱汇聚到光纤接头上，对准直镜的要求是光谱经过准直镜透镜后散射角度小、色差小。本书选用的准直镜有两片石英透镜，可以减小光谱发散、矫正色差，同时兼具焦距调节的功能。准直镜实物如图 4-6 所示。

图 4-6　准直镜

光纤是光谱传递的主要通道，将光谱信号传送到光谱仪中。本书采用低损耗的石英光纤，光谱响应范围为 200～1100nm，由于测试系统距离测温发动机较远，最终选择两根光纤，通过光纤和可变衰减器连在一起。光纤实物如图 4-7 所示。

光纤可变衰减器对两个光纤起连接作用，同时也可用于控制两根光纤之间的通光量，具体实物如图 4-8 所示。

图 4-7　光纤

图 4-8　光纤可变衰减器

4.5　燃气温度测试系统参数选择

4.5.1　光谱波段选择

多波长光谱辐射燃气温度测试系统主要用于测试双基药、复合药和高能推进剂等，其温度范围一般在 1500～4000K，根据维恩位移定律（公式(4-2)），辐射能量值最大的波长随着温度的增大，向波长短的方向移动。

$$\lambda_m T = 2897.6 \mu m \cdot K \tag{4-2}$$

式中，λ_m 为最大辐射波长。

为了获得更有效的辐射能量数据，辐射测温法通常选取辐射能量最大的波长段，按照 1500k 和 4000k 的温度，最大辐射波长分别为 1.93μm 和 0.724μm；波长段的选择不仅还需要考虑实际测量环境，而且还需要考虑设备参数校正和温度校准的环境。通常在大气环境下，进行参数校正和温度校准，大气中存在的水蒸气、二氧化碳和臭氧等原子及分子都具有明显的光谱吸收带，如水蒸气在 0.94μm、1.13μm、1.47μm 及 1.89μm 有四个窄的吸收带，如果不能有效规避这些吸收波段，则严重影响参数校正和温度校准结果。在 1500K～4000K 的温度范围内，低于 0.2μm 以下的波长段辐射能量很弱，参与运算的实际意义并不大，波长选取太宽，也不利于光谱波长的分辨率的提高和成本的控制。

因此，光谱波长段一般选择 0.2～0.94μm。

4.5.2　光谱分析仪其他参数选择

(1)光谱波长分辨率。

所用波段的波长分辨率的选择，根据辐射测温原理，波长的分辨率越高越好，尽可能使所用波长的"单色"更像是"单一波长"，同时也能有足够的数据参与运算，获得更好的测量结果；事实上，波长的"单色"是相对的，波长的细分不可能无止境，一方面成本控制有困难，从测量需求来讲也没有必要。根据现有技术水平，选择 1nm 的波长分辨率具有较好的性价比。

(2)动态范围和信噪比(S/N)。

按照光谱分析仪行业规定，动态范围定义为满量程信号除以最小可分辨的信号。也有部分仪器厂家定义为最小可分辨的信号为暗电流信号的标准偏差，暗电流信号的贡献包括读出噪声和其他系统电子噪声。

S/N(信噪比)的计算由给定光的强度水平的标准偏差除以测量的标准偏差。由于 S/N 随着光的强度水平的变化，绝大多数其他厂商定义为在稳定的最大强度光下，即满量程(比如，采用 16 位 AD 时，其 AD 值在 65000 左右)照度的情况下，多次测量得到的 AD 值的标准偏差(比如为 50)，这两者的比值(1300∶1)就是 S/N 的值。

为了获得好的测量结果，希望动态范围和信噪的比值越大越好，受成本控制和需求的必要性，动态范围大于 2500，S/N(信噪比)大于 1200，有好的性价比。

(3)光纤及衰减器。

光纤参数的选择，第一，考虑传输距离，通常测试系统距离测温发动机较远；第二，从光信号传输的角度分析，在所选定的光谱波段内，希望光纤对光信号的传输无衰减和无畸变，因此要求在选定的波段内，其光信号传输函数尽可能为 1；第三，从通光量的选择上，如果被测体辐射能量太大，则光纤的通光直径选择小一点，反之，光纤的通光直径选择大一点。

衰减器实际上是一个可以调节通光孔径的机械结构装置，当被测辐射体的温度变化太大，所选取的光纤不能满足测试需求，增加衰减器。衰减器的选择，主要考虑当通光孔径变化时，光的衍射作用，尤其是当通光孔径很小时。

4.6　本　章　小　结

本章首先概括了燃气温度测试系统的主要组成，即多波长光谱仪、测控和数据处理系统、光谱传输系统(包括准直镜、光纤、光纤可变衰减器)和控制组件等；然后分别介绍了各组件的构成和工作方式；最后分析了燃气测温系统参数的选取原则。

第 5 章　燃气温度测试系统标定及测量验证

标定技术是辐射测温领域中的关键技术之一，在某些情况下可严重影响和限制高温计的测量精度和应用范围。

5.1　测温系统标定原理

燃气温度测试系统采用的光谱高温仪首先是一台光谱仪，通过采集被测辐射体的光谱信号，按照普朗克定律，通过一系列数学运算获得被测辐射体温度。

由于现代计算机技术的发展，数学运算的精度和分辨率对光谱高温仪的温度测量误差贡献极小，根据光谱高温仪的测温原理，其测温误差主要来自于光谱仪及其光学系统对被测温度辐射体的相对光谱功率曲线的测量。影响曲线测量精度的因素取决于两个方面，一个是光信号转换为数字信号的信噪比指标，另一个是测试系统的传递函数(即将采集的原始数据转换为温度计算的数据的转化因子，按照波长分布)的准确性；前一个是由测温系统硬件特性决定的，无法通过软件或其他方式提高其精度，而测试系统的传递函数则可以通过合适的方法得到较为准确的表达式，从而使光谱高温仪获得较好的温度测量结果。

测温系统的标定实际上是指获得测温系统的传递函数的一系列操作和活动。根据测温系统的工作原理，建立光谱与温度测量模型，选择合适的设备作为标定装置，以该装置的辐射光谱曲线作为标准输入，以实际采集的曲线作为输出，建立标准光谱曲线与实际采集的曲线之间的对应关系，获得测试系统的传递函数。

5.1.1　光谱高温仪测量模型

光谱高温仪首先通过光学观测系统，采集被测温度辐射体发射的光信号，光栅对光谱信号进行分光，CCD 面阵通过光电转换将分光后的光束转换为光谱曲线。光谱高温仪主要是对被测辐射体光谱进行测量，虽然选择了响应曲线在此范围内较为平坦的光栅和 CCD 面阵光电单元，但是光栅和 CCD 面阵光电单元对波长的响应都呈现较大非线性特征，同时光谱仪输出也与所采用的积分时间呈现一定的非线性。

从测试系统构成分析，光学观测系统(含光纤、光栅)存在传递函数 $m_1(\lambda)$，光谱仪存在传递函数 $m_2(t, I, \lambda)$，光谱仪的光电元件暗电流和电路零点漂移引起光谱传递函数 $I_0(\lambda)$，被测辐射体的辐射光谱为 $I(T, \lambda)$，测试系统采集的辐射体的光谱信号为 $v(T, \lambda)$，因此有

$$v(T, \lambda) = m_1(\lambda)m_2(t, I, \lambda)I(T, \lambda) + I_0(\lambda)$$

式中，T 为辐射体的温度；λ 为辐射光谱波长；t 为光谱仪采集光谱信号时所用的积分时

间；I 为被测辐射体的光谱信号能量；$I(T,\lambda)$ 为辐射体的辐射的光谱信号，随着辐射体的温度 T 不同，呈现不同的光谱信号曲线(在波长上的能量分布)。

由于 $I_0(\lambda)$ 可通过遮光或暗室测量获得，通过运算消除。因此，令

$$\nu'(T,\lambda) = \nu(T,\lambda) - I_0(\lambda)$$

则

$$\nu'(T,\lambda) = m_1(\lambda)m_2(t,I,\lambda)I(T,\lambda)$$

$m_1(\lambda)$ 只与辐射体的波长有关，而 $m_2(t,I,\lambda)$ 又可以表述为

$$m_2(t,I,\lambda) = f_1(t,\lambda)f_2(I,\lambda)f_3(\lambda)$$

式中，$f_1(t,\lambda)$ 为二维函数族，针对同一光谱信号输入，随着积分时间 t 的变化，输出在波长 λ 上有不同的分布函数；$f_2(I,\lambda)$ 为二维函数族，针对同一积分时间，随着光强 I 输入的变化，在波长 λ 上有不同的分布函数；$f_3(\lambda)$ 为光谱仪的检测器效率函数(滤光片、光栅、狭缝等)引起的，相对于同样的光强和积分时间，在波长 λ 上的效率分布函数，是光谱仪固有的，与输入的光谱信号大小和参数设置无关。

从光谱高温仪的测温原理分析，光谱高温仪测量的被测对象相对光谱曲线的表达式为

$$g(T,\lambda) = \frac{m_1(\lambda)f_1(t,\lambda)f_2(I,\lambda)f_3(\lambda)}{m_1(\lambda_0)f_1(t,\lambda_0)f_2(I,\lambda_0)f_3(\lambda_0)}\frac{I(T,\lambda)}{I(T,\lambda_0)}$$

式中，$g(T,\lambda)$ 是被测对象各波长点辐射强度相对于波长 λ_0 处的辐射强度的比值，即以波长 λ_0 处的辐射强度为 1，其余各点进行归一化处理。

对于同一台光谱仪，一般情况下所采用的 CCD 像元阵列，每个像元应具有相同的特性，对同样的积分时间和输入光强，应该有相同的输出特性，即便有个别像元的输出有差异，在曲线相似性的比较过程中，影响也极其微弱，即有

$$f_1(t,\lambda) = f_1(t,\lambda_0)$$

$$f_2(I,\lambda) = f_2(I,\lambda_0)$$

因此，相对光谱信号曲线的测量表达式为

$$g(T,\lambda) = \frac{m_1(\lambda)f_3(\lambda)}{m_1(\lambda_0)f_3(\lambda_0)}\frac{I(T,\lambda)}{I(T,\lambda_0)} = W(\lambda)\frac{I(T,\lambda)}{I(T,\lambda_0)}$$

温度测试系统的传递函数为

$$W(\lambda) = \frac{m_1(\lambda)f_3(\lambda)}{m_1(\lambda_0)f_3(\lambda_0)}$$

传递函数 $W(\lambda)$ 只与光学观测系统(含光纤、光栅)的传递函数 $m_1(\lambda)$、光谱仪固有的检测器效率函数 $f_3(\lambda)$ 有关，而与光谱曲线所代表的温度无关，因此在其函数表达式中没有温度 t 因子。

因此，光谱高温仪温度测量模型为

$$g(T,\lambda) = W(\lambda)\frac{I(T,\lambda)}{I(T,\lambda_0)} \Rightarrow T$$

按照普朗克定律曲线的相似性方法，通过对 $g(T,\lambda)$ 进行反演计算得到，即被测辐射体的温度 T 为

$$g(T,\lambda)/W(\lambda) = \frac{I(T,\lambda)}{I(T,\lambda_0)} \Rightarrow T$$

这里 $\dfrac{I(T,\lambda)}{I(T,\lambda_0)}$ 是通过光谱高温仪测得的辐射光谱归一化曲线与测试系统传递函数运算的结果。

在已知传递函数 $W(\lambda)$ 的情况下，根据光谱仪采集的被测辐射体的光谱信号 $g(T,\lambda)$，得到 $\dfrac{I(T,\lambda)}{I(T,\lambda_0)}$，并根据该曲线查找与之最接近的温度为 T 的普朗克定律归一化曲线，温度 T 就是温度测试系统的测量结果。

5.1.2 光谱高温仪标定

按照光谱高温仪温度测量模型可以得到标定表达式：

$$W(\lambda) = \frac{I(T,\lambda_0)g(T,\lambda)}{I(T,\lambda)}$$

已知作为标定设备的相对光谱曲线 $\dfrac{I(T,\lambda)}{I(T,\lambda_0)}$ 和光谱高温仪采集的光谱数据处理后的相对光谱曲线 $g(T,\lambda)$，即可得到光谱高温仪传递函数 $W(\lambda)$。

从光谱高温仪温度测量模型可以看出，如果被测辐射体的相对光谱曲线是已知的，且在一定时间范围内是稳定的，就可以作为标定光谱高温仪的标准设备，而不用关心光谱曲线 $\dfrac{I(T,\lambda)}{I(T,\lambda_0)}$ 是否为一定温度 T 下的波长 λ 上的能量分布函数，也可能是在一定电流或电压下的波长 λ 上的能量分布函数，即 $\dfrac{I(T,\lambda)}{I(T,\lambda_0)}$ 可以用 $\dfrac{I(X,\lambda)}{I(X,\lambda_0)}$ 表示，$g(T,\lambda)$ 用 $g(X,\lambda)$ 表示，这里 X 表示标定设备产生辐射光谱的特定条件，因此光谱高温仪标定表达式为

$$W(\lambda) = \frac{I(X,\ \lambda_0)g(X,\ \lambda)}{I(X,\ \lambda)}$$

为确保获得好的标定结果，在光谱高温仪所使用的波长范围内，作为标定的标准设备的辐射光谱应具有较强的辐射强度和较好的波形曲线平坦度。

作为标准辐射源，国际上通用的是标准黑体。黑体的最高标准是一些固定温度的金属凝固点黑体。黑体辐射源的光谱特性和总辐射特性完全可由公式计算出来，在给定温度下的辐射光谱分布总是波长的函数。

在光谱测量中，光谱辐射亮度标准灯是传递光谱辐射量度值的标准器具，用于校准

各种辐射源的光谱能量分布和各种接收器的光谱响应。光谱辐射量度标准灯由两种钨带灯组成，即带石英窗口的 BDW 型和不带石英窗口的 DW 型。由于钨的辐射本领随波长增加减少得比黑体快，作为标准用的钨丝的光谱范围适用于 250～2500nm 波长，带石英窗口的钨带灯工作在 250～2500nm 波长上。

对光谱高温仪传递函数 $W(\lambda)$ 的标定，可以采用金属凝固点黑体，中、高温黑体和钨带灯等作为标定的标准设备。

理想黑体辐射源，按照不同的温度，辐射的相对光谱曲线不同，如图 5-1 所示。

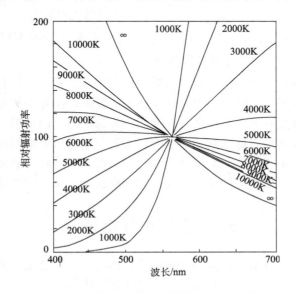

图 5-1　在不同绝对温度 T 下黑体的相对光谱分布

实际使用中的高精度凝固点黑体和其他黑体炉，辐射光谱相对曲线与图 5-1 近似，在标定过程中，直接使用普朗克相对光谱曲线。

采用黑体炉对光谱高温仪进行标定，黑体炉辐射光谱由炉体温度决定，因此辐射光谱分布函数为 $I(T,\lambda)$，或者按照高温光谱仪所使用的波长点上的辐射强度值 $I(T,\lambda_1), I(T,\lambda_2), I(T,\lambda_3), \cdots, I(T,\lambda_n)$，这里 T 表示黑体炉的温度。一台通过检定或较准合格的黑体炉作为标定设备时，计算传递函数所用的辐射相对光谱曲线，可直接通过普朗克定律公式计算获得。

采用钨带灯对光谱高温仪进行标定，钨带灯辐射光谱由其流过灯丝的电流决定，因此辐射光谱分布函数为 $I(i,\lambda)$，或者按照高温光谱仪所使用的波长点上的辐射强度值 $I(i,\lambda_1), I(i,\lambda_2), I(i,\lambda_3), \cdots, I(i,\lambda_n)$，这里 i 表示流过钨带灯丝的电流。标定时，计算传递函数所用的钨带灯辐射相对光谱曲线，该数据是通过上一级技术机构出具的检定（校准）报告获得。

在不考虑标定用的标准设备的辐射光谱是在哪种情况下产生的，标定的传递函数如下所示：

$$W(\lambda_0) = g(X,\lambda_0) / \left(I(X,\lambda_0) / I(X,\lambda_0) \right)$$

$$W(\lambda_1) = g(X,\lambda_1)/\left(I(X,\lambda_1)/I(X,\lambda_0)\right)$$

$$W(\lambda_2) = g(X,\lambda_2)/\left(I(X,\lambda_2)/I(X,\lambda_0)\right)$$

$$\vdots$$

$$W(\lambda_n) = g(X,\lambda_n)/\left(I(X,\lambda_n)/I(X,\lambda_0)\right)$$

式中，$W(\lambda_0)$，$W(\lambda_1)$，$W(\lambda_2)$，$\cdots$，$W(\lambda_n)$ 分别为光谱高温仪在波长 λ_0，λ_1，λ_2，$\cdots$，λ_n 等波长点上的传递函数离散值；$g(X,\lambda_0)$，$g(X,\lambda_1)$，$g(X,\lambda_2)$，$\cdots$，$g(X,\lambda_n)$ 分别是光谱高温仪采集的标定设备在波长 λ_0，λ_1，λ_2，$\cdots$，λ_n 波长点上的相对辐射光谱数据；$I(X,\lambda_0)/I(X,\lambda_0)$，$I(X,\lambda_1)/I(X,\lambda_0)$，$I(X,\lambda_2)/I(X,\lambda_0)$，$\cdots$，$I(X,\lambda_n)/I(X,\lambda_0)$ 分别是标定设备在波长 λ_0，λ_1，λ_2，$\cdots$，λ_n 波长点上的相对辐射光谱数据。

由于高温测量需求的增长，国内黑体炉的应用越来越广泛，相对于钨带灯，作为标定的标准设备更易获得；同时，随着黑体炉技术的发展，黑体炉相对光谱曲线已比较接近黑体，可以直接使用普朗克定律公式计算相对光谱曲线，而钨带灯由于原理和制造工艺的影响，其辐射光谱的表达式则不够准确；而且，采用黑体炉对光谱高温仪进行标定后，可以直接用黑体炉产生不同的温度点，对光谱高温仪的标定结果进行验证。

因此，一般情况下采用黑体炉作为标定的标准设备，对光谱高温仪进行标定。

5.2　黑体炉标定分析

随着黑体炉技术的进步，已经很接近理想黑体特征，但是光谱曲线与黑体的标准曲线还存在一定的差异，主要体现在发射率 ε 和光谱发射率 ε_λ。

物体的发射率 ε 是物体的发射能与黑体的发射能之比，是对全波长范围内的辐射能积分；光谱发射率 ε_λ 是在相同波长下物体的光谱发射能与黑体发射能之比。一定温度下，黑体炉的发射率 ε 决定了黑体炉的光谱辐射强度与理想黑体接近程度，黑体炉的光谱发射率 ε_λ 决定了黑体炉的相对光谱曲线与理想黑体接近程度。

光谱高温仪对温度的测量使用的是波长范围为 280～1100nm 的相对光谱，传递函数 $W(\lambda)$ 的校正可以不用考虑标准在波长范围内的光谱发射率的实际值，只需要考虑黑体炉在可见光范围内(280～1100nm)的光谱发射率的变化值。理论上，不管黑体炉的光谱发射率是多少，只要在可见光范围内的光谱发射率保持不变，相对光谱曲线就和理想黑体曲线重合，就可以作为光谱高温仪的传递函数 $W(\lambda)$ 的标定标准。

黑体炉作为辐射温度测量仪器的传递标准，大多使用全光谱发射率指标，因此一般情况下黑体炉生产厂家只给出全光谱发射率，对于光谱发射率，虽然黑体炉的生产厂家大多宣称其变化量非常小，在对光谱高温仪的光谱进行精确标定时仍应考虑其影响。

在不考虑黑体炉的光谱发射率的情况下，以黑体炉的辐射光谱作为光谱高温仪的光谱校正标准，在温度 T 一定的情况下，光谱高温仪测得的光谱曲线为 $g(T,\lambda) =$

$W(\lambda)\dfrac{I(T,\lambda)}{I(T,\lambda_0)}$ （消除 CCD 面阵光电元件暗电流和信号采集模块的零点漂移）。

假定在标定光谱高温仪时，黑体炉设定温度为 T，在该温度下辐射光谱和理想黑体光谱相同，则在光谱高温仪内部有标准光谱曲线：

$$I(T,\lambda)=\frac{C_1}{\lambda^5}\times\frac{1}{\mathrm{e}^{C_2/\lambda T}-1}$$

按照 1nm 的最小波长分辨率，对应关系如下：

$$W(280)=g(T,280)/\big(I(X,280)/I(X,280)\big)$$

$$W(281)=g(T,281)/\big(I(X,281)/I(X,281)\big)$$

$$W(282)=g(T,282)/\big(I(X,282)/I(X,282)\big)$$

$$\vdots$$

$$W(1100)=g(T,1100)/\big(I(X,1100)/I(X,1100)\big)$$

光谱高温仪测得的光谱曲线按照最小波长分辨率与黑体炉的辐射光谱建立一一对应关系，得到光谱高温仪在波长 280nm,281nm,282nm,…,1100nm 等波长点上的传递函数离散值，从而实现对光谱高温仪的标定。

燃烧温度测试系统使用精度较高的光谱仪，其检测器的效率最好的波长段在 400～900nm（图 5-2）。

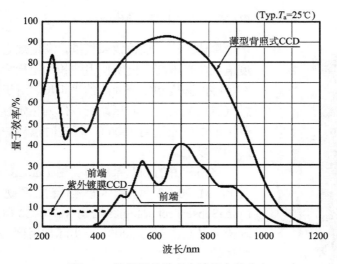

图 5-2 检测器的效率在波长上的分布

如果要使光谱高温仪获得较高的温度测量精度，需要对光谱高温仪的光谱实现精确标定，应考虑以下因素。

(1) 黑体炉辐射光谱在 280～1100nm 波长上的光谱发射率变化量的影响；

(2) $v'(t_i,\lambda)$ 转换为数字信号时的非线性影响；

(3) 黑体炉在波长范围内的光谱发射率随温度变化产生的影响；

(4) CCD 面阵光电元件暗电流和信号采集模块的零点漂移等随着环境温度变化而产生的影响。

考虑上述因素的影响，可以采取多温度点、回归分析等数学方法进行标定。

5.2.1　黑体炉标定装置构成

光谱高温测试系统标定装置由黑体炉、可调工作台构成，还有将光学观测系统安装在可调工作台上的工装及附件。黑体炉产生标定用的辐射光谱曲线，可调工作台作为光学观测系统的安装平台，提供六个自由度的调整能力，三个平动和三个转动。通过调整工作台，确保光学观测系统的光轴与黑体炉的光轴尽可能平行，且黑体炉的光轴中心处于光学观测系统的视场中心。

黑体炉标定系统组成图如图 5-3 所示。

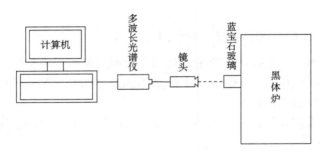

图 5-3　黑体炉标定系统组成图

黑体炉应经过检定或校准，满足规定要求所选定的温度值，在光谱高温仪所使用波长的范围内，其辐射光谱要有足够的强度和波形曲线的平坦度。对于固体火箭发动机燃气温度光谱高温测试系统，作为标定标准设备，其温度范围最高值应达到 3000℃，标定时黑体炉的温度应设定在 2000℃以上。

将搭建好的测温系统与美国 LumaSense Technologies 公司 M390-C2 型黑体辐射校准源进行校准试验，LumaSense Technologies 公司 M390-C2 型黑体辐射校准源理论上最高温度为 3000℃，实际常用到 2800℃。M390-C2 黑体炉实物图如图 5-4 所示。

固体火箭发动机燃气温度测量所用的光学观测系统由圆柱状蓝宝石、光学镜头和光纤组成，通过一定的形式安装在固体火箭发动机上，因此需要专用工装，按照发动机上的安装方式，将圆柱状蓝宝石、光学镜头和光纤组装

图 5-4　M390-C2 黑体炉实物图
在工装上，并固定在可调工作台。

六自由度可调工作台，负载能力应满足光学观测系统及其工装的重量；在黑体炉辐

射光轴方向，可移动的距离应满足：在黑体炉的温度范围内，通过调整距离，光谱高温仪采集的光谱信号不饱和；其他五个自由度，只要确保通过调整工作台，使光学观测系统的光轴与黑体炉的光轴尽可能平行，且黑体炉的光轴中心处于光学观测系统的视场中心。采用黑体炉体定测温系统的现场如图 5-5 所示。

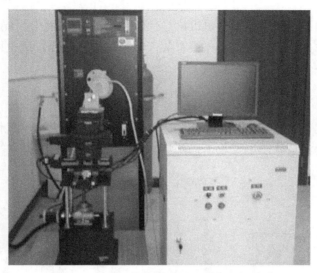

图 5-5 采用黑体炉标定测温系统现场照片

5.2.2 黑体炉标定实验结果分析

采用 M390-C2 型黑体炉作为燃气测温系统的标定设备进行标定实验。
测温系统实测温度和黑体炉温度关系如图 5-6 所示。

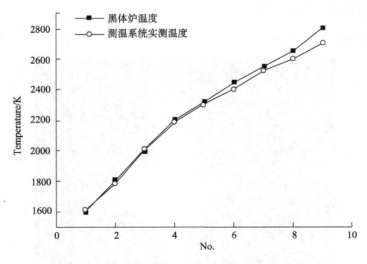

图 5-6 测温系统与黑体炉温度校准结果

从图 5-6 可以看出，测温仪经修正后，测温装置实测温度与黑体炉温度基本接近，最大差异温度 90℃（黑体炉温度为 2800℃），最大差异率为 3.21%。

5.3　钨丝灯温度测量验证

以钨丝作为灯丝制成的白炽灯可以产生连续光谱，用于 400～780nm 可见光谱区。在分光光度计中作为可见光源。其光谱有效区域可延伸至 3μm，故也用作近红外区的光源，色温是 2760～2900K。

5.3.1　钨丝灯温度测量实验系统

利用钨丝灯已知温度的特点，设计如图 5-7 所示的系统来检测黑体炉标定是否准确可靠。钨丝灯温度测量系统主要包括钨丝灯、透明窗和多波长光谱仪等。

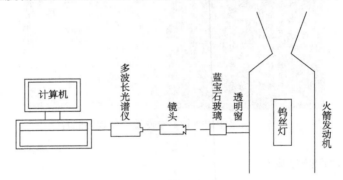

图 5-7　钨丝灯温度测量系统图

5.3.2　钨丝灯温度测量结果分析

钨丝灯实物图如图 5-8 所示。

图 5-8　钨丝灯照片

通过测温仪测量钨丝灯工作状态温度，并拟合温度曲线如图 5-9 所示。

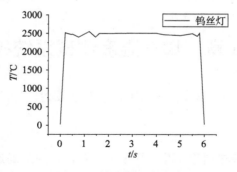

图 5-9　钨丝灯温度曲线

钨丝灯发光时的设计温度为 2400～2600℃，图中平衡段温度为 2500℃，因此可以认为普朗克测温仪是可靠的。

5.4　本 章 小 结

本章首先介绍了测温系统标定的基本原理和标定方法；之后介绍了黑体炉作为标定的标准设备的标定系统构成以及标定结果；最后利用燃气温度测试系统实测钨丝灯温度，验证了测试系统测量结果的准确性。

第6章　燃气温度测试系统校准

6.1　校准目的与要求

6.1.1　校准目的与定义

校准将是将测量设备与测量标准进行技术比较，目的是确定测量设备示值误差的大小。同时，校准通过测量标准将测量设备的量值与整个量值溯源体系相联系，使测量设备的量值具有溯源性。

ISO 10012—1《计量检测设备的质量保证要求》标准将"校准"定义为："在规定条件下，为确定计量仪器或测试系统的示值或实物量具或标准物质所代表的值与相对应的被测量的已知值之间关系的一组操作。

校准是评价测量设备计量性能的技术过程，而确认测量设备是否适用，需要测量设备用户利用校准结果与计量要求进行比较，并进行计量验证。为了保证测量设备的计量确认，用户必须通过生产过程管理和测量过程管理，提出测量设备的计量要求。委托有能力的实验室进行计量校准，获得具有足够准确度的校准结果。校准实验室声称的校准测量能力是用户选择实验室的依据，校准报告中的测量不确定度是用户对测量设备进行计量确认，使用测量设备时评估测量结果不确定度的重要依据。因此，校准必须给出测量不确定度。

6.1.2　校准的依据与要求

校准是按照校准规范或者参照检定规程，根据用户提出的测量设备的计量要求。计量要求与测量设备的预期使用目的有关，任何测量设备的计量要求，最关键的是示值的准确度和示值的重复性。对于定值标准器，校准结果是其示值；对于多值测量设备，校准结果是其示值误差的变化范围，或对最大允许示值误差的验证。由于使用环境中或测量设备本身的一些因素可能对仪器示值产生影响，需要确定这些因素造成的仪器示值变化范围——测量设备的示值重复性。

检定规程是由政府计量管理部门制定并批准颁布，在管辖范围内施行，作为检定时依据的技术文件。对被检测量设备规定了准确度等级以及各等级测量设备的计量要求，因此检定规程还详细规定了标准测量设备、测量方法、测量条件和测量不确定度的要求，以及检定周期等内容。

校准规范是经过特定组织制定并批准颁布，在一定范围内施行，作为校准时依据的技术文件。首先选择权威组织发布的校准规范，没有权威组织发布的校准规范时，校准实验室可以自行编制校准规范，以使校准过程和校准结果可以复现。

校准规范中规定的计量特性取舍不是随意的，最关键的是示值的准确度和示值的重复性。评定的计量特性必须覆盖被校测量设备的使用要求。对于每个计量特性，必须明确规定测量方法和测量程序，选择可以产生规定量值的计量标准，控制相关的测量条件。校准规范中不规定执行校准规范必须达到的测量不确定度，校准实验室根据自己在校准市场的定位决定目标不确定度，配备标准设备和设施，控制各种不确定度来源和大小。

校准结果应该给出测量设备的计量特性与计量标准之间的修正值或修正因子，同时还要给出校准不确定度。

6.2　校准方法与设备

由于固体火箭发动机光谱高温测试系统所采用的测温原理是基于普朗克定律的相对光谱相似性原理，进行固体火箭发动机燃气温度测量，在国内没有相似的设备和装置，对于温度测量值的溯源，国家计量检定和校准系统图中没有规定，同时也没有权威机构发布相应的校准规范。

因此，需要根据测温系统原理，以及对固体火箭发动机燃气温度测量的需求，提出校准规范，规定测温系统需要校准的计量特性、校准的标准设备、校准方法和步骤，以及环境条件。

6.2.1　测温系统需要校准的计量特性

固体火箭发动机燃气温度测试系统采集燃气在一定波长上的辐射光谱，按照波形曲线相似性原理，计算出燃气的温度，其测温范围在 1500～4000K。为了获得较好的燃气温度测量值，要求其测温精度一般不低于 5%，重复性不低于 3%；由于固体火箭发动机燃气温度测量是在高温高压环境下进行的，对采集燃气光谱的光学系统进行了专门设计。

因此，固体火箭发动机燃气温度测试系统的主要计量特性为测量示值误差和重复性。

6.2.2　测温系统校准的标准及配套设备

固体火箭发动机燃气温度测量系统通过采集被测温度辐射体的辐射光谱，与某一温度的普朗克曲线进行相似性比对，在一定温度误差范围内，两者的相似性最佳，则可以用该温度值来表示被测温度辐射体的温度。

通过对固体火箭发动机燃气温场的仿真和分析，其辐射光谱与温度之间的关系，与灰体辐射光谱相近，可以采用普朗克曲线进行燃气温度计算。

作为辐射温度校准的标准，目前只有黑体炉的最高温度可以到达 3273K，标准的不确定度可以不大于 1%，因此测温系统测量范围在 3273K 以下的校准，可以直接用黑体炉作为校准的标准，建立测温系统的校准装置，使测温系统的测量值溯源到国家标准；测量范围在 3273～4000K 的校准，只能进行探索性的校准研究。

以黑体炉(型号 M390C-2)作为校准的标准，建立的测温系统校准装置如图 6-1 所示。

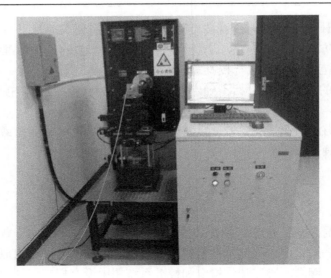

图 6-1　测温系统校准装置

　　校准装置由黑体炉、可调工作台(3 自由度平动和 3 自由度的转动)以及安装光学系统的专用工装组成。其中,黑体炉产生 1500~3273K 的标准温度,并在设定温度上为测温系统提供标准的辐射光谱;按照固体火箭发动机上进行测温的安装方式,专用工装将测温系统的光学部件安装在可调工作台上;可调工作台一方面用于调整光学系统的光轴与黑体炉的光轴平行,光轴中心指向黑体炉的加热管的靶底中心,偏离中心不超过 5mm,另一方通过可调工作台,使光学系统沿光轴方向进行平行移动,在测温系统积分时间不变的情况下,采集的光谱信号最大值大致相等。

　　型号为 M390C-2 的黑体炉的主要技术指标如下。

　　(1)温度范围:600(873.15)~3000℃(3273.15K)

　　(2)显示分辨率:1℃

　　(3)精度:读数的 ±0.25%±1℃

　　(4)有效辐射率:0.99

　　(5)开口孔径:25mm(1″)

　　(6)工作环境温度:0~44℃

　　(7)可调工作台的技术指标如下。

　　① Z 轴升降台移动距离:200mm

　　② X 轴位移台移动距离:200mm

　　③ Y 轴(与黑体炉光轴同向)位移台移动距离:3000mm

　　④ 绕 X 轴角位移:±15°

　　⑤ 绕 Y 轴角位移:±15°

　　⑥ 绕 Z 轴角位移:±360°

　　⑦ 工作台载重能力:80kg

　　⑧ 工作环境温度:0~60℃

　　校准过程中，为了降低测温系统积分时间调整带来的误差，应尽可能降低大范围的调整。按照普朗克定律，黑体炉的辐射强度与温度呈现指数关系，在其工作范围内，辐射强度变化非常大。

　　由于黑体炉的加热管辐射光并不是平行光，呈现一定的发散角。当黑体炉温度一定时，随着光学采集系统在光轴方向与黑体炉距离的增加，在相同的接收面积上，接收的辐射能量越小，"通过调整光学采集系统与黑体炉距离，光学采集系统瞄准黑体炉加热管的靶底中心，黑体炉的温度在 1500~3273K，而测温系统不调整积分时间，所采集的光谱信号的最大值大致相等"实现的可能性越大。

6.2.3　测温系统校准方法和步骤

　　根据固体火箭发动机燃气温度测试系统的主要计量特性，需要对测量的动态特性、示值误差和重复性进行校准；根据现有可以溯源的标准设备以及方法建立的测温系统校准装置，将测试系统的校准分为两部分进行。

　　1. 测温系统温度范围在 1500~3273K 的校准

　　1) 校准准备

　　(1) 校准装置和测温系统连接。

　　将校准装置与温度测试系统按图 6-2 进行连接。

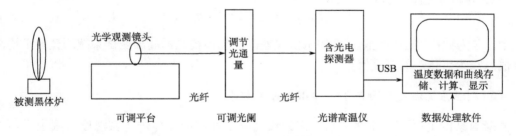

图 6-2　固体火箭发动机燃烧温度测试系统

　　按照发动机测温的安装方式，将测温系统的光学观测系统固定在可调工作台上，连接各部分设备。

　　(2) 瞄准。

　　调整可调工作台，光学系统的光轴与黑体炉的光轴平行，光轴中心指向黑体炉的加热管的靶底中心，偏离中心不超过 5mm。

　　(3) 校准点的设定。

　　根据 1500~3000℃ 的校准温度范围，并考虑黑体炉的安全性和寿命，按照均匀取点的原则，确定的温度校准点为 1510℃、1910℃、2210℃、2510℃、2810℃。

　　(4) 设定测温系统软件参数。

　　根据校准温度设定点，运行测试系统测试软件，完成测试界面参数设定，进入测量状态。

(5)环境状态确认。

检查并确保环境温度在 0～40℃范围内，无强电磁干扰。

2)示值误差校准

校准的主要步骤如下。

(1)由低温到高温逐点升温校准；

(2)当黑体炉到达设定校准点温度时，调整光谱高温测试系统合适的积分时间；

(3)当黑体炉温升到校准点温度、温度变化小于±1℃/5s 时，光谱高温测试系统开始对该校准点进行测量，测量时间不超过 5s，测量数据以不超过 20 个为宜，在光谱高温测试系统测量前后，黑体炉的温度值变化不超过 1℃。读数顺序如图 6-3 所示。

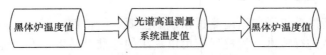

黑体炉温度值 → 光谱高温测量系统温度值 → 黑体炉温度值

图 6-3　光谱高温测试系统校准读数顺序图

(4)按照步骤(1)和(2)完成各温度点的校准。

3)数据处理

(1)打开温度数据存储文件，读取每个被校准温度点测试系统测得的温度值，求平均值；

(2)温度示值误差按照公式(6-1)计算：

$$S = 100\% \times (T_i - T_b) / T_b \tag{6-1}$$

式中，S 为被校光谱高温测试系统示值误差；T_i 为被校光谱高温测试系统测量的平均温度值；T_b 为黑体炉的温度值。

2. 测温系统温度范围在 3273～4000K 的校准

据国家检定(校准)传递关系，作为最高温度标准的黑体炉，其温度上限也只能到 3000℃，因此超过 3000℃时，只能进行外推校准。要实现外推校准，需要根据黑体炉和光谱高温测试系统的特性，建立两者的关系模型，并在 1500～3000℃温度范围进行外推模型的验证。

6.2.4　测温系统校准不确定度

对测温系统在温度范围 1500～3273K 的校准不确定度分析如下。

1)分析不确定度来源

不确定度来源主要有以下几项。

(1)作为校准用标准的黑体炉的温度示值引入的不确定度。

对于黑体炉的温度值采用校准值，则示值引入的不确定度为校准黑体炉时的不确定度，若使用黑体炉的技术指标，则示值引入的不确定度为控温精度。

(2)黑体炉示值重复性和稳定性引入的不确定度。

以黑体炉生产厂家的技术指标作为不确定度引入的依据。

(3)光学镜头瞄向黑体炉靶底不在中心引入的不确定度。

2)标准不确定度分量的评定

(1)作为校准用标准的黑体炉的温度示值引入的不确定度 u_1。

按照黑体炉温度示值的校准不确定度和生产厂家出厂技术指标，这两者取最大值作为引入不确定度，一般情况下生产厂家出厂技术指标最大，因此：

$$u_1 = u_{x1}/\sqrt{3} \tag{6-2}$$

式中，u_{x1} 为控温精度的出厂技术指标。

(2)黑体炉示值重复性和稳定性引入的不确定度 u_2 和 u_3。

$$u_2 = u_{x2}/\sqrt{3} \tag{6-3}$$

式中，u_{x2} 为示值重复性的出厂技术指标。

$$u_3 = u_{x3}/\sqrt{3} \tag{6-4}$$

式中，u_{x3} 为示值稳定性的出厂技术指标。

(3)光学镜头瞄向黑体炉靶底不在中心引入的不确定度 u_3。

由于光学观测装置的光轴处在 $\phi25mm$ 的辐射光轴的中心，因此靶底均匀性的影响可以忽略不计。

3)合成标准不确定度 u_{c1}

以上各标准不确定度分量互相独立，则其合成标准不确定度 u_{c1} 按公式(6-5)计算。

$$u_{c1} = \sqrt{u_1^2 + u_2^2 + u_3^2} \tag{6-5}$$

4)相对扩展不确定度

示值误差的相对扩展不确定度按公式(6-6)计算。

$$U_1 = 100\% \times ku_{c1}/T_{校准点} \tag{6-6}$$

式中，U_1 为 1500～3000℃示值误差的相对扩展不确定度；k 为包含因子，此时取值为 2；$T_{校准点}$ 为校准点黑体炉的温度。

6.2.5　测温系统校准实例

1. 测温系统各温度点校准

按照测温系统校准的方法和步骤，以黑体炉(型号 M390C-2)作为校准的标准，建立测温系统校准装置，对测温系统进行校准，校准结果如表 6-1 所示。

表 6-1　固体火箭发动机燃烧温度测试系统校准结果

序号	黑体炉标称值	测试系统实测值	测量误差
1	1510	1516.5	0.4%
2	1910	1915.7	0.3%
3	2210	2214.8	0.22%
4	2510	2519.7	0.39%
5	2810	2828.0	0.58%

2. 测温系统各温度点校准不确定度

按照测温系统校准不确定度分析方法，M390C-2 的黑体炉温度示值的引入不确定度 u_{x1}、u_{x2}、u_{x3} 均取值为：读数的 $\pm 0.25\% \pm 1℃$，则

$$u_{c1} = \sqrt{u_1^2 + u_2^2 + u_3^2}$$

校准不确定度如表 6-2 所示。

表 6-2　测温系统各温度点校准不确定度

序号	黑体炉标称值	合成标准不确定度 u_{c1}	相对扩展不确定度 U_1（$k=2$）
1	1510	3.8	0.5%
2	1910	4.8	0.5%
3	2210	5.55	0.5%
4	2510	6.3	0.5%
5	2810	7.05	0.5%

3. 校准结果

综合上述分析，燃气测温系统校准结果如表 6-3 所示。

表 6-3　燃气测温系统校准结果

序号	黑体炉标称值	测试系统实测值	相对扩展不确定度 U_1（$k=2$）
1	1510	1516.5	0.5%
2	1910	1915.7	0.5%
3	2210	2214.8	0.5%
4	2510	2519.7	0.5%
5	2810	2828.0	0.5%

6.3　本　章　小　结

本章介绍了校准的目的和定义，对多光谱燃烧温度测试系统的校准方法和步骤进行了说明，对校准的测量不确定度进行了分析，以及不同溯源机构之间对多光谱燃烧温度测试系统的校准结果进行了分析，验证了校准结果的有效性。

第7章　非充气式测温系统设计与流场仿真

采用多波长光谱辐射温度测试方法开展火箭发动机燃烧室燃气的温度测试研究，对于火箭发动机有一定的特殊要求。在满足测温需求的前提下，本章设计了非充气式火箭发动机燃气温度测试系统。

7.1　非充气式测温系统组成与设计

基于多波长光谱辐射的非充气式火箭发动机燃气温度测试系统，至少应该包括测温火箭发动机和多波长光谱辐射温度测试系统。多波长光谱辐射温度测试系统在第 4 章中已经做过介绍。测温火箭发动机的设计在保证安全性和可靠性的前提下，必须保证光谱测温系统能够采集有效数据。

本书采用的是光谱测温方法，需要在火箭发动机燃烧室壳体上设置透明窗。多波长光谱辐射温度采集系统通过透明窗采集燃烧室内的燃气辐射光谱信息，然后将信息传输到计算机中，经过相关数据分析软件处理得到燃气温度。

为了能够开展多波长光谱辐射温度测试结果的对比分析，设计了热电偶温度测试系统，在燃烧室壳体上安装热电偶。为了能够分析火箭发动机和充气系统的实际工作状态，设计了压强数据采集系统，在发动机燃烧室壳体和透明窗上安装压力传感器。

最终设计形成的火箭发动机燃气温度测试系统包括非充气测温火箭发动机、多波长光谱辐射温度测试系统、热电偶温度测试系统以及压强数据采集系统等四个子系统，实验系统如图 7-1 所示。

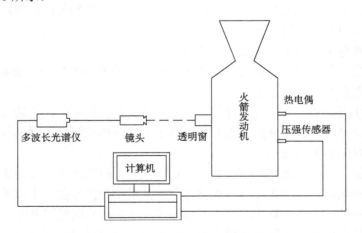

图 7-1　非充气式火箭发动机燃气温度测试系统

7.1.1　非充气式测温发动机总体设计

固体火箭发动机的主要结构包括燃烧室壳体、推进剂药柱、喷管、点火系统以及实验辅助装置等[88]。本实验所用测温火箭发动机,是在常规固体火箭发动机的结构基础上,增加测量发动机工作参数的测温装置、测压装置和透明窗组件等。

1. 非充气测温发动机的性能要求

为满足测温的需求,测温发动机的主要性能参数如下。

(1)燃烧室燃气温度:1500～3200℃。

(2)发动机工作时间:1～10s。

(3)发动机燃烧室工作压强:0.5～10MPa。

燃烧室燃气温度可以检验多波长光谱辐射温度测试系统的测温能力。发动机的工作时间决定了测试系统采集的数据点数:工作时间过短,采集的数据较少,不能反映数据的真实性,而工作时间过长,对发动机结构可靠性和安全性要求很高,发动机工作时间应该在一个合适的范围。发动机燃烧室工作压强决定推进剂能否进行正常燃烧,工作压强也影响推进剂的燃烧时间,从而决定发动机的工作时间,所以工作压强也应该在一个合理的范围。

2. 发动机总体设计参数

1)测温火箭发动机主要结构形式

火箭发动机的结构形式主要指燃烧室、喷管及其连接结构,本实验用非充气测温发动机的结构还应包括测温装置、测压装置和透明窗组件等。遵循安全性、经济性和简单易用等原则,实验用测温发动机采用端面燃烧药柱,自由装填式、普通单喷管单推力设计。测温发动机主要结构之间采用螺纹连接,部分位置采用焊接。螺纹连接具有可靠性高、密封性好、同轴度好的优点,便于药柱装填,容易加工和装配;焊接可靠性高、致密性好,适合不可拆卸连接结构。

2)非充气测温火箭发动机主要设计参数

根据火箭发动机性能参数的要求,非充气测温发动机的主要设计参数有推进剂燃烧温度、工作压强和喷管扩张比等。

燃烧温度主要取决于推进剂本身,不同配方推进剂能量不同,燃烧温度也不一样。为检验多波长光谱仪的测温能力,需要开展多个温度下燃气温度测试实验,因此需要准备多种不同燃烧温度的推进剂。

火箭发动机工作压强即燃烧室压强,工作压强的选择应遵循一定的原则:首先是保证推进剂进行正常燃烧,工作压强的选择应保证其最小平衡压强大于或等于推进剂燃烧的临界压强;另外,工作压强的选择还应该保证发动机结构强度可靠。

喷管扩张比和压强比之间存在确定的函数关系。喷管出口压强一定,只要喷管内部没有产生冲击波、出现气流分离现象,压强比就是恒定的。在确定装药形状后,通过调整喷管喉径就可以改变燃烧室工作压强。

3) 壳体材料及其选择

发动机壳体材料包括燃烧室壳体材料和喷管壳体材料。目前壳体所使用的材料主要是钢、玻璃纤维和有机纤维增强复合材料。

燃烧室内压强和温度都比较高，对壳体材料的要求是具有足够的结构强度和很好的耐烧蚀性。钢是应用最为广泛的壳体材料，出于结构强度和经济性方面的考虑，本书选择 30CrMnSiA 钢作为燃烧室壳体材料。喷管是发动机的关键部位，承受高温高压燃气的冲刷作用。因此，首先要保证喷管具有足够的强度，另外，喷管热防护设计也非常重要。喷管的热防护设计在于尽可能使喷管型面在工作过程中不改变或少改变，并使其支撑结构的温度控制在许可的范围内。一般的热防护材料主要有烧蚀材料和绝热材料。喉衬主要采用烧蚀材料，如石墨、难熔金属以及复合材料等。非充气测温发动机由于对比冲要求不高，为降低实验成本，采用烧蚀喷管的办法，即喷管喉部没有喉衬，发动机工作结束后视烧蚀情况更换喷管。

4) 固体推进剂及药柱形式选择

推进剂的性能直接影响发动机的性能。目前常用的固体推进剂主要有三类，即双基推进剂、复合推进剂和改性双基推进剂[89]。最早使用的双基推进剂，它是一种均质推进剂，其能量较低、临界压强却较高。复合推进剂使用最为广泛，它的主要特点是能量高、力学性能好。复合推进剂的燃烧温度一般高于双基推进剂，通常在 1500～3500℃，温度可调范围广。改性双基推进剂是在双基推进剂的基础上引入氧化剂和金属成分以提高能量。本书选用不同配方的复合推进剂，以满足光谱测温的需求。

药柱的种类很多，按照燃面所处位置分为端面、侧面和端-侧面燃烧药柱。本书选用端面燃烧药柱，其具有结构简单、加工方便的优点。

3. 药柱设计

药柱是具有特定几何形状和尺寸的固体推进剂。药柱的几何形状和尺寸决定了发动机的燃气生成率及其变化规律，也就决定了燃烧室的压强和发动机推力随时间变化的关系。在满足燃烧时间和燃烧室压强的前提下，本书采用结构简单的端面燃烧药柱。装药是包含绝热层的推进剂，装药在发动机中通常有两种装填方式，即自由装填和贴壁浇注。测温发动机采用自由装填装药。

火箭发动机燃气温度测试实验将会采用多种配方推进剂，为了加工方便，对于不同配方的推进剂设计相同药柱尺寸，通过改变喷管喉径调整燃烧室压强，进而调整推进剂燃烧时间。药柱结构尺寸和三维模型如图 7-2 所示。

4. 燃烧室设计

测温发动机燃烧室壳体由前封头、圆筒体、后封头及实验辅助装置接口(包括测压接口、测温接口、透明窗底座和点火线密封底座)等组成。燃烧室壳体是发动机的重要组成部分，其内部是一个高压高温的环境，对壳体材料的结构强度要求较高。测温发动机壳体材料选用 30CrMnSiA 钢，调质处理。30CrMnSiA 钢属于中碳钢，热处理后可以进一步提高其强度和韧度。燃烧室里的温度可能高达 3500℃，但是在发动机工作时间较短的情况下，30CrMnSiA 钢能够承受高温燃气的烧蚀作用，并且，轻微的烧蚀也不会影响其结构的完整性。

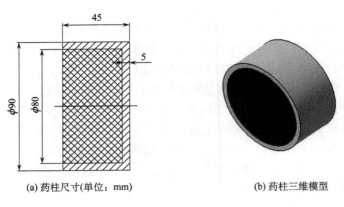

(a) 药柱尺寸(单位：mm)　　　　　　　　(b) 药柱三维模型

图 7-2　药柱

燃烧室各组件之间都存在连接结构，对连接结构的要求是：连接可靠、密封性好、同轴度好，便于药柱装填，容易加工和装配。连接结构分为可拆和不可拆两类，可拆连接有螺纹连接、螺栓连接和销钉连接等，不可拆连接有焊接、粘接和铆接等。实验要求测温发动机能够方便拆卸和安装，因此，前封头和圆筒体之间、圆筒体和后封头之间均采用螺纹连接，圆筒体和测压接口、测温接口、点火线密封底座、透明窗底座之间设计为不可拆卸结构，采用焊接方式连接。

为防止发动机工作过程中燃烧室内高温高压燃气外泄，造成安全隐患，发动机结构的密封设计十分重要。燃烧室的密封主要存在于前封头和圆筒体、圆筒体和后封头之间。由于采用内外螺纹连接方式，螺纹连接本身可以起到一定的密封作用，同时在螺纹上缠绕聚四氟乙烯生料带以保证密封可靠。

1）前封头设计

圆柱形燃烧室一般采用半球、椭球、碟形封头和平底封头。半球形封头壁薄、质量轻，受力最好，但是这种封头深度大，成型时对材料的塑性要求高，在壳体长度一定时，同一直径的壳体采用半球形封头比采用椭球封头的容积小；椭球封头是由椭圆曲线绕其短轴旋转而成，容积大，且易于加工；碟形封头容易产生不连续应力，但模具的制造比较简单；平底封头结构简单，易于加工，但受力情况也最差，必须做得很厚，平底封头只用于小直径燃烧室壳体的火箭发动机。测温火箭发动机选择结构简单的平底形封头。测温发动机的设计工作方式是向上喷射燃气，故需要在前封头上设计法兰将发动机与底板连接固定。前封头结构及三维模型如图 6-3 所示。

2）圆筒体设计

圆筒体是发动机最主要的承压耐温部件，如果发动机工作时间较短，可以通过增加筒体壁厚以满足结构强度和热防护方面的要求。为满足燃气温度、压强数据采集以及从燃烧室侧壁引出点火线的需求，必须在圆筒体上打孔。为保证测试装置不会互相干扰，对于通孔位置要合理布局：透明窗光谱测温孔与点火线引出孔在一个轴向平面内，与测

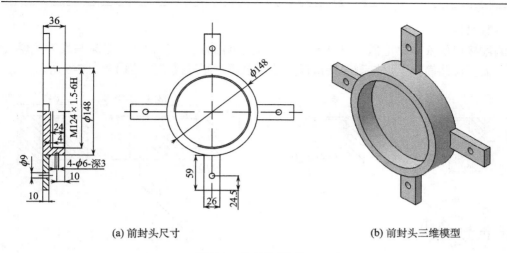

(a) 前封头尺寸　　　　　　　　　　　　(b) 前封头三维模型

图 7-3　前封头（单位：mm）

压孔、热电偶测温孔在轴向成 90°，为保证测量对象的一致性，透明窗光谱测温孔和热
电偶测温孔在一个径向平面内。圆筒体的结构尺寸如图 7-4 所示。

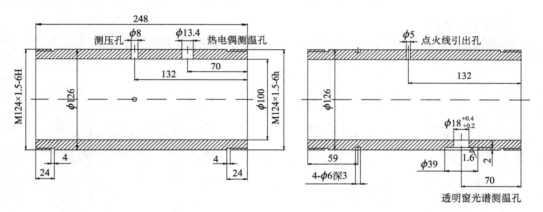

图 7-4　圆筒体（单位：mm）

3) 实验辅助装置接口设计

实验辅助装置接口包括测压接口、测温接口、透明窗底座和点火线密封底座，它们
都是焊接在燃烧室圆筒体上，采用周向绕焊的方式保证焊接强度。测压接口和测温接口
对应设计在测压孔和热电偶测温孔处，分别安装压力传感器和热电偶；透明窗底座设计
在透明窗光谱测温孔处，用来安装透明窗组件；点火线密封底座设计在点火线引出孔处，
用来安装点火线密封组件。

4) 测压接口

压力传感器受到壳体壁厚的限制不能直接安装在圆筒体上，需要在圆筒体上焊接测
压接口。测压接口与圆筒体应该做到配合严密、气密性好。测压接口端面削平，便于固
定位置，下端面为圆弧状，便于和圆筒体进行配合焊接。测压接口结构如图 7-5 所示。

5）测温接口

测温接口处安装热电偶，热电偶采用接触式测温方法，感温元件必须与发动机燃气接触，需要在圆筒体上焊接测温接口以安装热电偶。测温接口的结构如图 7-6 所示。

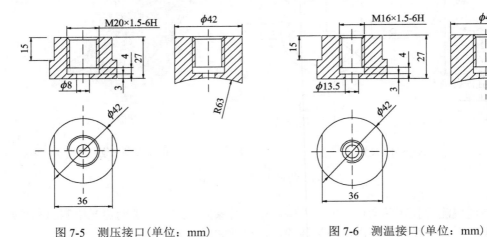

图 7-5　测压接口（单位：mm）　　　　　　　图 7-6　测温接口（单位：mm）

6）透明窗底座

透明窗底座用来安装透明窗组件，具体结构尺寸如图 7-7 所示。

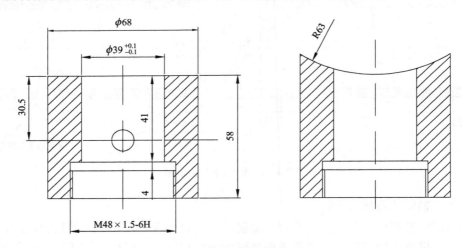

图 7-7　透明窗底座（单位：mm）

7）点火线密封底座

点火线密封底座的设计是为了安装点火线密封组件。点火线是从燃烧室圆筒体侧壁引出，不方便直接设计安装点火线密封组件，需要在圆筒体上焊接点火线密封底座。点火线密封底座的结构尺寸如图 7-8 所示。

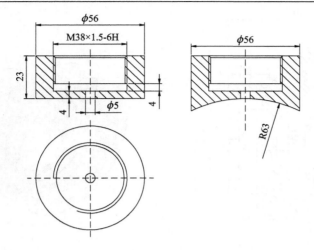

图 7-8　点火线密封底座(单位：mm)

燃烧室圆筒体(包括实验辅助装置接口)的三维模型如图 7-9 所示。

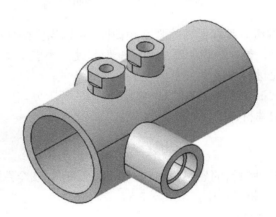

图 7-9　燃烧室圆筒体三维模型

5. 后封头设计

在测温发动机中，后封头起到燃烧室筒体和喷管之间的连接作用，是喷管的定位固定装置。另外，后封头还对燃气的流动有一定的引导作用。在设计后封头时，除了考虑结构强度和热烧室的要求，还应兼顾凝相产物粒子的冲刷作用。后封头的结构尺寸和三维模型如图 7-10 所示。

1) 燃烧室壳体及连接强度校核

燃烧室内部是一个高压环境，燃烧室壳体要具备一定的承压能力，需要开展壳体强度校核。燃烧室各组件之间存在螺纹连接和焊接，需要开展螺纹强度和焊缝强度校核。

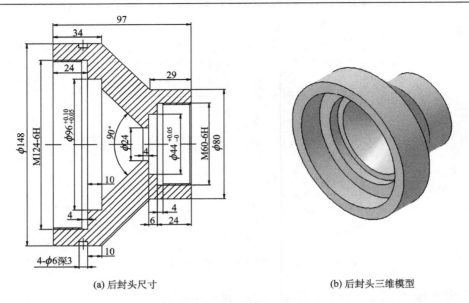

(a) 后封头尺寸　　　　　　　　　　　　　(b) 后封头三维模型

图 7-10　后封头(单位：mm)

30CrMnSiA 钢在调质后具有很高的强度和韧性，可以当作塑性材料。对于塑性材料，当应力达到屈服极限时，就会出现明显的塑性变形，使其不能维持正常的工作状态，因此把屈服极限作为塑性材料的极限应力。

在工程中允许最大工作应力不超过材料极限应力的若干分之一，将允许的最大工作应力称为许用应力，塑性材料的许用应力为

$$[\sigma] = \frac{\sigma_s}{n_s} \tag{7-1}$$

式中，σ_s、n_s 分别为塑性材料的屈服极限(或称屈服强度)、安全系数。一般条件下，n_s 为 1.2~2.5，在测温发动机设计中，取 $n_s = 2.5$。

2)燃烧室壳体的强度校核

燃烧室壳体主要进行受内压圆筒体的强度校核。采用第三强度理论[90]进行校核，对于圆筒体，其最小壁厚满足：

$$\delta_{\min} = \frac{P_{\max} D}{2\xi[\sigma] - P_{\max}} \tag{7-2}$$

式中，$\delta_{\min}$ 为圆筒体的最小壁厚；$P_{\max}$ 为圆筒体承受的最大内压力；D 为圆筒体内径；ξ 为焊缝系数；$[\sigma]$ 为许用应力。

对于测温发动机，设计最大工作压强 $P_{\max}$ =10MPa，圆筒体内径 D=100mm，焊缝系数 ξ=0.8。发动机燃烧室材料为 30CrMnSiA 钢，其屈服强度 $\sigma_s \geqslant$ 835MPa，取 σ_s =835MPa。计算得到最小壁厚 $\delta_{\min}$ =1.91mm。考虑到结构强度和热防护的需要，同时为了方便焊接测压接口、测温接口、点火线密封底座和透明窗底座，设计圆筒体壁厚 δ =12mm，安全余量充足。

测压接口、测温接口、点火线密封底座和透明窗底座的强度校核也可采用第三强度理论，设计壁厚满足强度要求。

3) 螺纹连接强度校核

前封头和后封头仅受到轴向压力的作用，因此对于螺纹连接，需要开展挤压强度和弯曲强度的校核。

螺纹抗挤压强度计算如下所示。

螺纹牙展直后相当于一根悬臂梁，公、母螺纹牙之间的挤压应力不应超过许用挤压应力，否则会产生挤压破坏。挤压强度计算公式为

$$F_{\max} = A[\sigma_{bs}] \tag{7-3}$$

且满足

$$A = \pi d_2 hz \tag{7-4}$$

式 (7-3) 和式 (7-4) 中，$[\sigma_{bs}]$ 为许用挤压强度；$F_{\max}$ 为轴向最大力；d_2 为外螺纹中径；h 为螺纹工作高度；z 为结合圈数，一般不超过 10 (因为旋合的各圈螺纹牙受力不均，因而 z 不宜大于 10)。

应力和压强的关系满足：

$$F = PS \tag{7-5}$$

式中，F 为轴向力；P 为轴向力所产生的压强；S 为受力面积。

查表得，M124×1.5-6H 的普通外螺纹的中径取 $d_2 = 123.026$mm，螺纹工作高度为 $h = 0.8115$mm；对于 30CrMnSiA 钢，$[\sigma_{bs}] = (1.5 \sim 2.5)[\sigma]$，强度校核取 $[\sigma_{bs}] = 1.5[\sigma]$；假定 $z = 10$，S 取燃烧室端面面积。计算得到最大压强 $P_{\max} = 200.1$MPa，远大于燃烧室设计最大工作压强 10MPa，说明螺纹的设计满足挤压强度要求。

4) 螺纹抗弯曲强度校核

燃烧室壳体上的螺纹在受到挤压应力的同时，还承受着弯曲力矩。弯曲正应力强度条件为

$$\sigma_{\max} \leqslant [\sigma] \tag{7-6}$$

螺纹抗弯曲强度验算公式应满足如下条件。

对于外螺纹：

$$\sigma = \frac{3Fh}{\pi dzb^2} \tag{7-7}$$

对于内螺纹：

$$\sigma = \frac{3Fh}{\pi Dzb^2} \tag{7-8}$$

式中，σ 为弯曲应力；F 为轴向力；h 为螺纹工作高度；d 为外螺纹大径，D 为内螺纹大径；b 为螺纹牙底宽度；z 为结合圈数。

在强度校核中，燃烧室设计最大压强 $P_{\max} = 10$MPa，螺纹工作高度 $h = 0.8115$mm，内外螺纹大径相同，即 $D = d = 124$mm，螺纹牙底宽度 $b = 1.125$mm，结合圈数 $z = 10$。根据式 (7-5)、式 (7-7) 和式 (7-8) 计算得到，最大弯曲应力 $\sigma_{\max} = 38.8$MPa $< [\sigma] = 334$MPa，

表明螺纹的弯曲强度符合要求。

5) 焊缝强度校核

辅助装置接口(测压接口、测温接口、透明窗底座、点火线密封底座)和圆筒体之间采用焊接方式,焊缝处需要承受燃烧室中气体的压力。由于气体压强是各向同性分布,在不考虑气体流动情况下,径向受力相互抵消,焊缝处只承受轴向压力的作用。因此对于焊缝只需进行拉伸强度校核,不必进行剪切强度和弯曲强度校核。

焊缝为对接角焊缝,焊接方式为绕焊。相应的强度计算公式[91]为

$$[F_{max}] = 2[\tau] \times 0.7kL \tag{7-9}$$

式中,$[F_{max}]$ 为许用应力;$[\tau]$ 为焊缝材料的许用剪切强度;k 为焊脚高度;L 为焊缝工作长度。

焊缝材料强度按 30CrMnSiA 钢等强度选取,许用剪切强度 $[\tau] = (0.5 \sim 0.7)[\sigma]$。在焊缝强度校核中,取 $[\tau] = 0.5[\sigma]$,k=4mm,为方便计算,L 可取各辅助装置周长,S 取辅助装置内孔端面面积。根据式(7-5)、式(7-9),得到测压接口、测温接口、透明窗底座、点火线密封底座中各组件最大许用应力 $[P_{max}]$ =167.2MPa,远远大于燃烧室工作压强上限10MPa,表明焊缝满足强度设计要求。

在热防护方面,燃烧室壳体的设计厚度能够承受短时间内高温燃气烧蚀作用,轻微的烧蚀也不影响燃烧室的结构完整性。因此,对燃烧室不进行额外的热防护设计。

6. 喷管及其喷管压螺设计

测温发动机采用的是拉瓦尔喷管,由收敛段、喉部和扩张段三部分组成,非潜入式设计。收敛和扩张型面均采用圆锥形,入口收敛半角 β 在 30°~60°范围内选择,β 值太大,喷管会出现颈缩现象,加重烧蚀,这里取 β=45°;扩张半角 α 取 15°。喷管的结构尺寸和三维模型如图 7-11 所示。

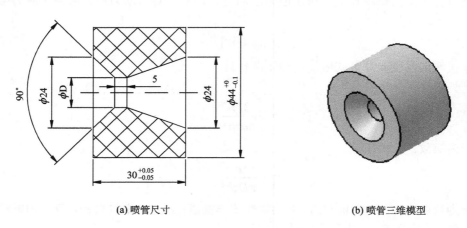

(a) 喷管尺寸　　　　　　　　　　　　　　　(b) 喷管三维模型

图 7-11　喷管(单位:mm)

喷管在工作过程中承受高温高压燃气的冲刷作用。因此,喷管首先要具有足够的强度,对于喷管的强度校核采用第三强度理论。实验用喷管的材料为 30CrMnSiA 钢,在设

计尺寸下，喷管的强度足够满足要求。另外，喷管热防护设计也非常重要。喷管的热防护设计在于尽可能使喷管型面在工作过程中不改变或少改变。测温发动机采用烧蚀喷管的办法，即喷管喉部没有喉衬，点火后视烧蚀情况更换喷管。

喷管压螺是对喷管进行定位固定的装置，压螺与后封头采用螺纹连接。喷管压螺的结构尺寸和三维模型如图 7-12 所示。

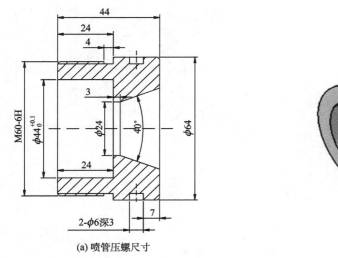

(a) 喷管压螺尺寸

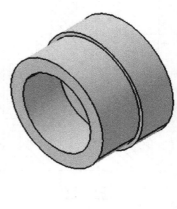

(b) 喷管压螺三维模型

图 7-12　喷管压螺（单位：mm）

喷管压螺的强度校核主要是针对螺纹连接结构，具体校核方法参考燃烧室螺纹连接强度校核。经计算，设计尺寸满足强度要求。喷管压螺处燃气的速度较大，但温度很低，甚至低于钢的熔点，因此不需要开展热防护设计。

7. 透明窗组件设计

基于光谱测温的需要设计了透明窗组件。透明窗组件主要包括透明窗载件、透明窗压螺和透明窗玻璃。具体结构尺寸分别如图 7-13、图 7-14、图 7-15 所示，透明窗组件装配三维模型如图 7-16 所示。

透明窗载件和透明窗压螺的材料为 30CrMnSiA 钢，透明窗载件和透明窗底座、透明窗压螺之间是螺纹连接。参照燃烧室各组件的强度校核方法，经计算，结构强度和螺纹强度满足要求。由于透明窗中充入保护气的缘故，温度低于燃烧室，满足热防护要求。

透明窗玻璃采用人工合成蓝宝石。相比于常用的石英玻璃，蓝宝石玻璃耐高温高压的优点，在 2045℃ 以内具有很高的光学特性。蓝宝石玻璃的抗压强度高达 2000MPa，满足实验要求。

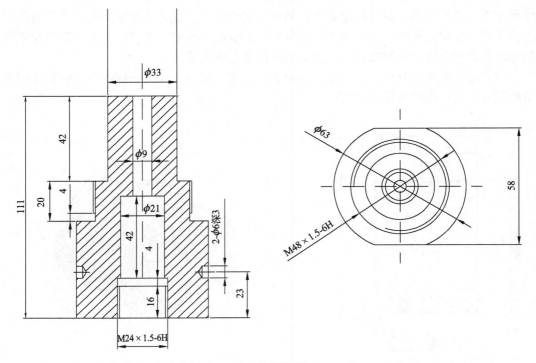

图 7-13　透明窗载件（单位：mm）

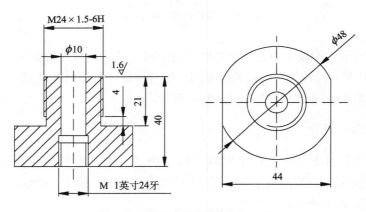

图 7-14　透明窗压螺（单位：mm）

8. 挡药板设计

挡药板安装在燃烧室圆筒体和后封头之间，通过圆筒体和后封头的螺纹连接进行固定。设计挡药板的目的是防止推进剂颗粒、燃烧产物和透明窗堵头堵塞喷管喉部，从而影响发动机正常工作。挡药板结构尺寸和三维模型如图 7-17 所示。

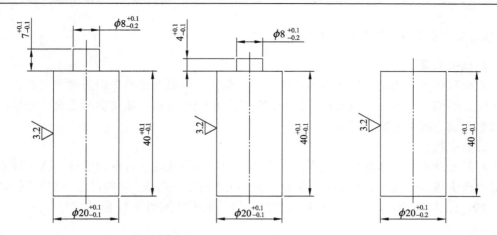

图 7-15　透明窗玻璃（单位：mm）

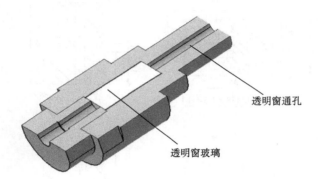

图 7-16　透明窗三维装配模型

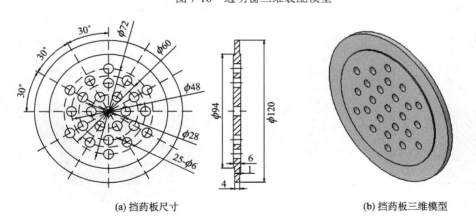

(a) 挡药板尺寸　　　　　　　　　　　　　(b) 挡药板三维模型

图 7-17　挡药板（单位：mm）

　　挡药板的材料选用 30CrMnSiA 钢，挡药板的最小设计厚度为 4mm，设计尺寸满足抗压强度和弯曲强度的要求，同时也具有较强的抗烧蚀能力。

9. 点火装置和点火密封装置设计

1) 点火装置

点火装置的作用是准确可靠地点燃推进剂药柱。测温发动机采用药盒式点火器、电发火管，结构简单可靠；点火药选择一定配比的粗细黑火药，如需提高点火药能量，还可以加入适当比例的推进剂碎粒。

2) 点火线密封装置

测温发动机从壳体侧壁开孔引出点火线，需要对开孔处进行密封设计。点火线密封装置由点火线密封载件、点火线压螺以及点火线密封堵头组成，结构尺寸分别如图7-18、图7-19、图7-20所示，点火线密封装置的三维装配模型如图7-21所示。

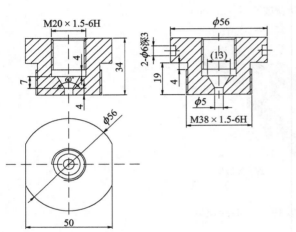

图 7-18　点火线密封载件(单位：mm)

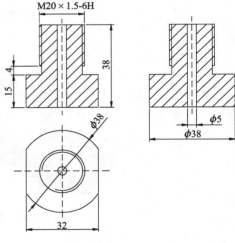

图 7-19　点火线压螺(单位：mm)

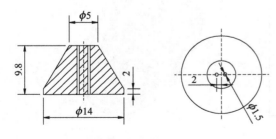

图 7-20　点火线密封堵头(单位：mm)

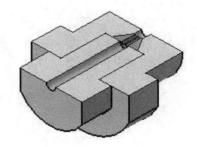

图 7-21　点火线密封装置三维装配模型

点火线密封载件和点火线压螺的材料为 30CrMnSiA 钢，点火线密封载件受燃气压力面积较小，设计尺寸满足强度要求。点火线密封载件和点火线密封底座、点火线压螺之间是螺纹连接，螺纹的强度校核方法参照燃烧室螺纹强度校核，经计算符合强度要求。火线密封堵头的材料为聚四氟乙烯，聚四氟乙烯是塑性材料，耐高温，有一定的塑性变形能力，在机械压力作用下能够产生形变，起到密封的作用。由于受热时间较短，零件设计尺寸能够满足热防护需求。

在测温发动机结构设计的基础上，对各零部件进行组装，得到固体火箭发动机装配模型，如图 7-22 所示。

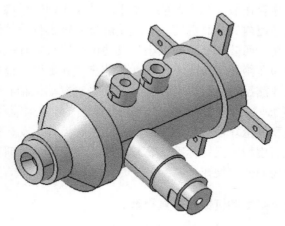

图 7-22　测温火箭发动机三维装配模型

7.1.2　压强数据采集系统

压强数据采集系统主要由控制系统、数据采集卡、压力传感器和数据线等组成。

控制系统主要实现采样参数设置、数据存储的功能。数据采集卡具有 A/D 信号转换的功能，能够实现多通道不同功能的数据采集。压力传感器选用本安型电容式压力变送器，输出方式为 1～5V 电信号，量程 0～10MPa，精度 0.25 级。采集卡和压力传感器的实物分别如图 7-23、图 7-24 所示。

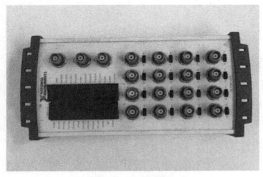

图 7-23　采集卡

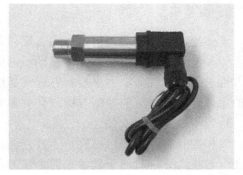

图 7-24　压力传感器

根据发动机工作压强和工作时间的要求，设计完成的压强数据采集系统的主要性能参数如下。

(1) 压强测量范围：0～10MPa。

(2) 采样频率：1kHz。

7.2　非充气式测温火箭发动机内流场数值仿真

7.1 节中所设计的非充气测温火箭发动机为小型缩比发动机,同时发动机内壁没有采取绝热措施, 因此壳体存在散热损失效应。基于多波长光谱辐射燃气温度测试系统所测得的温度是整个被测通道内的最高温度,一般是燃烧室轴心位置的温度。燃烧室内温度损失主要是由散热引起,而散热损失的大小与发动机结构形式有关。

本节开展了绝热和非绝热工况下不同尺寸的非充气式测温火箭发动机内流场数值仿真, 以此验证不同尺寸测温发动机以及壳体散热损失对发动机轴心温度的影响。基于有限体积法,通过简化物理数学模型,建立了合理的非充气测温火箭发动机数值仿真模型。采用基于质量、动量和能量守恒规律的欧拉法描述气相流体运动规律,采用流固耦合算法建立壳体固体域传热模型,采用标准 $k\text{-}\varepsilon$ 模型作为湍流模型,研究不同工况下非充气测温火箭发动机内流场的变化规律。

7.2.1　非充气式测温火箭发动机数值仿真模型

1. 基本假设

为了更方便开展发动机内流场数值仿真,本书做出一些假设。在这些条件下, 一些基本的热力学公式在使用时不会引入较大的误差,也能较好地描述燃烧室中的流动现象。假设如下。

(1)固体推进剂燃烧所产生的燃气遵循完全气体定律, 并且比热不变;

(2)燃气组分一定, 热力学性能均一不变;

(3)所有做功的工质都是气相的, 忽略凝聚相的做功;

(4)壁面满足无滑移条件,壁面材料均匀各向同性,材料的热力学参数不随温度变化。

2. 数学模型

流体流动要受物理守恒定律的支配, 基本的守恒定律包括:质量守恒定律、动量守恒定律和能量守恒定律[97], 由于发动机内的流动处于湍流状态,还要遵守附加的湍流输运方程的约束,流体动力学控制方程就是这些守恒定律的数学描述。本节先介绍这些基本的守恒定律所对应的控制方程, 有关湍流的附加控制方程将在下文中介绍。

1)气相控制方程

气相控制方程主要包括质量守恒方程(连续性方程)、动量守恒方程(N-S 方程)、能量守恒方程, 分别对应于质量守恒定律、动量守恒定律和能量守恒定律。方程采用欧拉法描述连续介质流动,考虑了流体的黏性、热传导和可压缩性对气相的影响。方程描述如下。

质量守恒方程

$$\frac{\partial \rho}{\partial t}+\frac{\partial(\rho u)}{\partial x}+\frac{\partial(\rho v)}{\partial y}+\frac{\partial(\rho w)}{\partial z}=0 \tag{7-10}$$

式中，ρ 是密度，t 是时间，u、v、w 是速度矢量 $\boldsymbol{u}$ 在 x、y、z 方向上的分量。

动量守恒方程

$$\begin{cases} \dfrac{\partial(\rho u)}{\partial x} + \nabla \cdot (\rho u \boldsymbol{u}) = -\dfrac{\partial p}{\partial x} + \dfrac{\partial \tau_{xx}}{\partial x} + \dfrac{\partial \tau_{yx}}{\partial y} + \dfrac{\partial \tau_{zx}}{\partial z} + \rho f_x \\[3mm] \dfrac{\partial(\rho v)}{\partial y} + \nabla \cdot (\rho v \boldsymbol{u}) = -\dfrac{\partial p}{\partial y} + \dfrac{\partial \tau_{xy}}{\partial x} + \dfrac{\partial \tau_{yy}}{\partial y} + \dfrac{\partial \tau_{zy}}{\partial z} + \rho f_y \\[3mm] \dfrac{\partial(\rho v)}{\partial z} + \nabla \cdot (\rho w \boldsymbol{u}) = -\dfrac{\partial p}{\partial z} + \dfrac{\partial \tau_{xz}}{\partial x} + \dfrac{\partial \tau_{yz}}{\partial y} + \dfrac{\partial \tau_{zz}}{\partial z} + \rho f_z \end{cases} \qquad (7\text{-}11)$$

式中，p 是流体微团上的压力；f_x、f_y、f_z 分别为 x、y、z 方向的单位质量力；τ_{xx}、τ_{xy}、τ_{xz} 等是因分子黏性作用而产生的作用在微元体表面上的黏性应力 $\boldsymbol{\tau}$ 的分量。对于牛顿流体，黏性应力 $\boldsymbol{\tau}$ 与流体的变形率成比例，有

$$\begin{cases} \tau_{xx} = 2\mu \dfrac{\partial u}{\partial x} + \lambda \nabla \cdot \boldsymbol{u}, \ \ \tau_{xy} = \tau_{yx} = \mu \left(\dfrac{\partial u}{\partial y} + \dfrac{\partial v}{\partial x} \right) \\[3mm] \tau_{xx} = 2\mu \dfrac{\partial u}{\partial x} + \lambda \nabla \cdot \boldsymbol{u}, \ \ \tau_{yz} = \tau_{zy} = \mu \left(\dfrac{\partial v}{\partial z} + \dfrac{\partial w}{\partial y} \right) \\[3mm] \tau_{xx} = 2\mu \dfrac{\partial u}{\partial x} + \lambda \nabla \cdot \boldsymbol{u}, \ \ \tau_{xz} = \tau_{zx} = \mu \left(\dfrac{\partial u}{\partial z} + \dfrac{\partial w}{\partial x} \right) \end{cases} \qquad (7\text{-}12)$$

式中，μ 是动力黏度；λ 是第二黏度，一般可取 $\lambda = -2/3$ [98]。

能量守恒方程

$$\frac{\partial(\rho E)}{\partial t} + \nabla \cdot \left[\boldsymbol{u}(\rho E + p) \right] = \nabla \cdot (k \nabla T - h J + \boldsymbol{\tau} \boldsymbol{u}) + S_{\mathrm{h}} \qquad (7\text{-}13)$$

式中，$E = h - \dfrac{p}{\rho} + \dfrac{V^2}{2}$，代表流体微团的总能，包括内能和动能之和；$k$ 是热传导系数；h 为流体微团的焓，对于完全气体，$h = \displaystyle\int_{T_{\mathrm{ref}}}^{T} c_p \mathrm{d}T$，其中 c_p 为定压比热容，$T_{\mathrm{ref}} = 298.15\mathrm{K}$；$J$ 为气体扩散通量；S_{h} 为包含了化学反应热以及其他用户定义的体积热源项。

综合基本方程式(7-10)、式(7-11)、式(7-12)、式(7-13)，发现有 u、v、w、p、T 和 ρ，还需要补充一个联系 p 和 ρ 的状态方程，方程组才能闭合：

$$p = p(\rho, T) \qquad (7\text{-}14)$$

该状态方程对于理想气体有

$$p = \rho R T \qquad (7\text{-}15)$$

2) 传热模型

研究测温火箭发动机的散热损失效应就是要对燃气与壳体内壁的换热及壳体内部导热过程进行数值模拟。燃气与发动机壳体之间的对流换热属于流固耦合传热问题，换热界面上的温度及热流密度是未知条件(是计算结果的一部分)，由热量交换过程动态地加以决定。本书对流固耦合问题的求解采用分区计算、边界耦合的数值解法。

(1) 固体域控制方程。

对于固体域，其能量方程的具体形式为

$$\frac{\partial(\rho h)}{\partial t} + \nabla \cdot (\boldsymbol{u}\rho h) = \nabla \cdot (k\nabla T) + S_{\mathrm{h}} \tag{7-16}$$

式中，对于固体微元，ρ 为密度；h 为显焓，$h = \int_{T_{\mathrm{ref}}}^{T} c_v \mathrm{d}T$，$c_v$ 为比热容，$T_{\mathrm{ref}} = 298\,\mathrm{K}$；$k$ 为导热率；S_k 为体积热源。

(2) 耦合边界上的条件。

耦合边界上温度连续：

$$T_{\mathrm{w}}\big|_{\mathrm{I}} = T_{\mathrm{w}}\big|_{\mathrm{II}} \tag{7-17}$$

且满足如下条件：

$$-\lambda\left(\frac{\partial T}{\partial n}\right)_{\mathrm{w}}\bigg|_{\mathrm{I}} = \alpha\left(T_{\mathrm{w}} - T_{\mathrm{f}}\right)\big|_{\mathrm{II}} \tag{7-18}$$

式(7-17)、式(7-18)中，Ⅰ代表固体域，Ⅱ代表流体域；T_{w} 为内壁面温度；T_{f} 为内壁面初始温度；n 为壁面的外法线；α 为对流换热系数。

3. 湍流模型

火箭发动机内流场大多数都是湍流状态。通常认为，无论湍流运动多么复杂，非稳态的连续方程和 N-S 方程仍然适用于湍流的瞬时运动。但是在湍流中某一点处各物理量具有随机性，无法直接求解瞬时的流动状况，湍流模型则对湍流的各物理量进行时间平均（即通常所说的雷诺平均），从而封闭 N-S 方程，解决湍流求解问题。因此，数值模拟时，选择合适的湍流方程才能够求得最优解。

Fluent 中常用湍流模型包括标准 k-ε 模型、RNG k-ε 模型（重组化群 k-ε 模型）、Realizable k-ε 模型（可实现 k-ε 模型）、RSM 模型（雷诺应力模型）、LES 模型（大涡模型）。不同湍流模型适用情况不同：后两个模型计算量大，实际应用较少；RNG k-ε 模型和 Realizable k-ε 模型是在标准 k-ε 模型基础上完善发展而来。本书采用标准 k-ε 湍流模型，它的形式简单，易于与计算机程序相结合，并且具有较好的通用性。

在标准 k-ε 湍流模型中，不直接处理 Reynolds 应力项，而是引入湍动黏度（或称涡黏系数），然后把湍流应力表示成湍动黏度的函数，整个计算的关键在于确定湍动黏度。湍动黏度来源于 Boussinesq 提出的涡黏假定，该假定建立了 Reynolds 应力方程，即

$$-\rho\overline{u_i' u_j'} = \mu_{\mathrm{t}}\left(\frac{\partial u_i}{\partial x_j} + \frac{\partial u_j}{\partial x_i}\right) - \frac{2}{3}\left(\rho k + \mu_{\mathrm{t}}\frac{\partial u_i}{\partial x_i}\right)\delta_{ij} \tag{7-19}$$

式中，μ_{t} 为湍动黏度，u_i 为时均速度，δ_{ij} 是 "Kronecker delta" 符号（当 $i = j$ 时，$\delta_{ij} = 1$；当 $i \neq j$ 时，$\delta_{ij} = 0$），k 为湍动能，表示如下：

$$k = \frac{\overline{u_i' u_j'}}{2} = \frac{1}{2}\left(\overline{u'^2} + \overline{v'^2} + \overline{w'^2}\right) \tag{7-20}$$

湍动黏度 μ_t 是空间坐标的函数，取决于流动状态，而不是物性参数。引入 Boussinesq 假定以后，计算湍流流动的关键就在于如何确定 μ_t。这里所谓的涡黏模型，就是把 μ_t 与湍流时均参数联系起来的关系式。标准 k-ε 湍流模型中，μ_t 定义如下：

$$\mu_t = \frac{\left(\rho C_\mu k^2\right)}{\varepsilon} \tag{7-21}$$

式 (7-21) 的合理性有学者通过量纲分析得到验证。从脉动动量方程和雷诺应力输运方程出发，标准 k-ε 模型的湍动能 k 和耗散率 ε 方程形式如下：

$$\frac{\partial}{\partial t}(\rho k) + \frac{\partial}{\partial x_i}(\rho k u_i) = \frac{\partial}{\partial j}\left[\left(\mu + \frac{\mu_t}{\sigma_k}\right)\frac{\partial k}{\partial x_j}\right] + G_k + G_b - \rho\varepsilon - Y_M + S_k \tag{7-22}$$

$$\frac{\partial}{\partial t}(\rho\varepsilon) + \frac{\partial}{\partial x_i}(\rho\varepsilon u_i) = \frac{\partial}{\partial x_j}\left[\left(\mu + \frac{\mu_t}{\sigma_\varepsilon}\right)\frac{\partial \varepsilon}{\partial x_j}\right] + G_{1\varepsilon}\frac{\varepsilon}{k}(G_k + G_{3\varepsilon}G_b) - G_{2\varepsilon}\rho\frac{\varepsilon^2}{k} + S_\varepsilon \tag{7-23}$$

式中，G_k 表示由于平均速度梯度引起的湍动能产生；G_b 表示浮力影响引起的湍动能产生；Y_M 表示可压缩湍流脉动扩散对总耗散率的影响；S_k 和 S_ε 是自定义源项。在 Fluent 中，$G_{1\varepsilon}$、$G_{2\varepsilon}$ 和 $G_{3\varepsilon}$ 是固定值，σ_k 和 σ_ε 分别是 k 和 ε 的湍流普朗特数。

4. 物理模型和网格

参考非充气测温火箭发动机的详细设计，通过对实验用非充气测温火箭发动机结构进行简化，建立了实验设计尺寸和放大尺寸两种数值仿真几何模型，具体尺寸如图 7-25 所示。

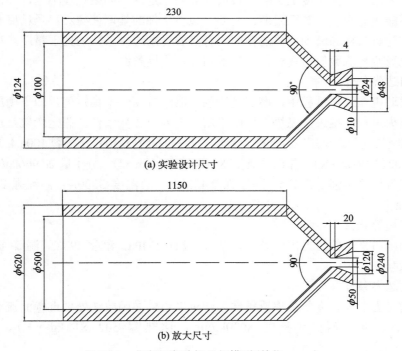

(a) 实验设计尺寸

(b) 放大尺寸

图 7-25　非充气发动机几何模型（单位：mm）

　　Fluent 软件是基于有限体积法的 CFD 求解器，因此计算之前需要对计算域在空间上进行网格划分。对于绝热工况，计算域只有发动机内流场；对于非绝热工况，计算域包括发动机内流场和发动机壳体。对于这两种工况，全部采用非结构化网格，并且在壁面和两相交界面处进行网格加密处理。由于物理模型是回转体，为减少网格数量，提高计算速度，选取二分之一物理模型进行网格划分，绝热和非绝热工况下的网格如图 7-26 所示。

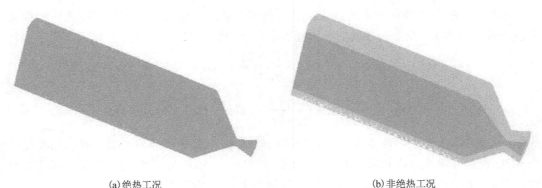

(a) 绝热工况　　　　　　　　　　　　　　(b) 非绝热工况

图 7-26　非充气发动机网格模型

5. 边界条件

　　对于 N-S 方程，只有在一定的初始条件和边界条件下，它的解才具有唯一性，边界条件的处理方法在很大程度上影响着数值计算的稳定性，如果处理不当，往往导致数值计算结果不能快速收敛，甚至发散；另外，边界条件的处理往往对流场精度有着非常重要的影响。为有效提高流场计算的精度，有必要提高边界条件的处理精度。在测温火箭发动机内流场两相流数值仿真时，用到下列几种边界条件。

　　1) 入口边界条件

　　火箭发动机在工作过程中，燃烧室压强一般维持在一个稳定值，即平衡压强。不考虑发动机点火过程和推进剂燃烧，可以采用压力入口边界条件。假定燃气是理想气体，并且用理想空气代替，理想空气的热力参数参考 Fluent 默认值：比热容 1006.43J/(kg·K)，导热系数 0.0242W/(m·K)，黏性系数 1.7894×10^{-5}kg/(m·s)，分子量 28.966kg/(kg·mol)。设定燃烧室入口总压强 2.5MPa，静压强 2.45MPa，总温度 3200K，湍流强度 3.5%，水力直径 0.1m。

　　2) 出口边界条件

　　喷管的出口采用的压力出口条件，出口压强 0.1MPa，温度 298K，湍流强度 5%，水力直径 0.024m。

　　3) 壁面边界条件

　　壁面满足无滑移、无质量渗透条件，同时采用壁面函数法处理近壁面流动问题。壳体材料为不锈钢，钢材料密度 8030kg/m³，比热容 502.48J/(kg·K)，导热系数 16.27W/(m·K)。

4)初始化条件

采用压力入口参数对整个流场进行初始化。另外，对于研究散热损失效应的数值仿真问题，采用"patch"的方式定义发动机壳体温度298K。

6. 工况设置

为验证不同尺寸测温火箭发动机以及壳体散热损失对发动机轴心温度的影响，本书开展了两种工况下非充气式测温火箭发动机内流场数值仿真：工况一开展绝热条件下不同尺寸的非充气式测温火箭发动机内流场稳态数值仿真，以验证发动机尺寸对轴心温度的影响效果；工况二开展非绝热条件下不同尺寸的非充气式测温火箭发动机内流场非稳态数值仿真，以验证散热损失对轴心温度的影响效果。

7.2.2　测温火箭发动机尺寸对轴心温度的影响

开展了两种不同尺寸火箭发动机绝热条件下的内流场数值仿真。测温火箭发动机内压强分布如图 7-27 所示。

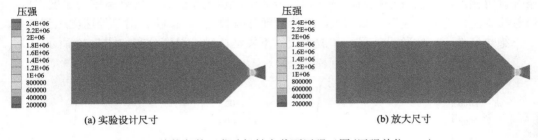

图 7-27　绝热条件下发动机轴向截面压强云图(压强单位：Pa)

从图 7-27 中可以看出，在实验设计尺寸和放大尺寸下，燃烧室入口条件和喷管出口条件设置相同，火箭发动机内流场的压强分布情况也基本一致：燃烧室内的压强都维持在 2.5MPa，从喷管扩张段开始逐步降低，直至喷管出口处，达到最低，符合拉瓦尔喷管的流动规律。

绝热条件下，测温火箭发动机内流场的温度分布如图 7-28 所示。

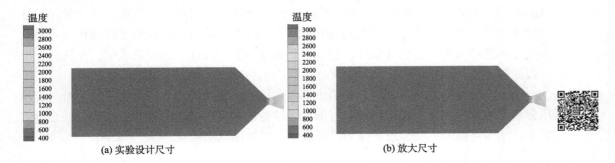

图 7-28　绝热条件下发动机轴向截面温度云图(温度单位：K)

从图 7-28 中可以看出，在实验设计尺寸和放大尺寸下，燃烧室入口条件和喷管出口条件设置相同，火箭发动机内流场的温度分布情况也基本一致：燃烧室中的温度都维持在 3200K，在喷管位置存在明显的梯度变化，在喷管扩散段温度明显降低，至出口处温度最低。

绝热条件下，测温火箭发动机内流场的速度分布如图 7-29 所示。

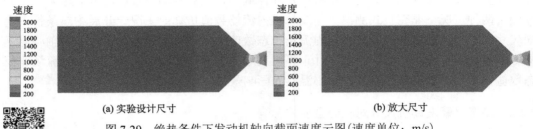

(a) 实验设计尺寸　　　　　　　　　　　　　　(b) 放大尺寸

图 7-29　绝热条件下发动机轴向截面速度云图（速度单位：m/s）

从图 7-29 中可以看出，在实验设计尺寸和放大尺寸下，燃烧室入口条件和喷管出口条件设置相同，火箭发动机内流场的速度分布情况也基本一致：燃烧室中的速度很低，沿着喷管出口方向，速度不断增大，喷管喉部马赫数为 1，在喷管出口处速度达到最大。

绝热条件下，实验设计尺寸和放大尺寸下发动机轴心温度分布如图 7-30 所示。

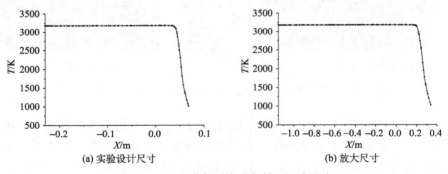

(a) 实验设计尺寸　　　　　　　　　　　　　　(b) 放大尺寸

图 7-30　绝热条件下发动机轴心温度分布

从图 7-30 中可以看出，实验设计尺寸和放大尺寸下发动机燃烧室轴心的温度维持在 3181K，沿着燃气流动方向，轴心上的温度逐渐降低，在喷管出口位置，实验设计尺寸和放大尺寸下轴心处的温度分别为 1013K、1024K，差别很小，说明实验设计尺寸和放大尺寸下发动机轴心温度分布规律相同，具有很好的一致性，同时也表明：在其他工况一致的前提下，绝热条件下发动机尺寸的大小不会对发动机轴心温度产生影响。

通过开展绝热条件下不同尺寸的火箭发动机内流场数值仿真，得到了发动机内流场压强、温度和速度分布规律，同时得出如下结论：火箭发动机的尺寸不会影响轴心温度分布，从而可以采用实验设计发动机开展燃气温度测试实验。

7.2.3　散热损失对轴心温度的影响

为了验证壳体散热损失对发动机轴心温度的影响，开展了实验设计尺寸和放大尺寸下火箭发动机内流场及壳体传热的非稳态数值仿真。在非稳态条件下，设置发动机工作时间 4s，时间步长 0.0005s。

火箭发动机内流场的压强分布如图 7-31 所示。

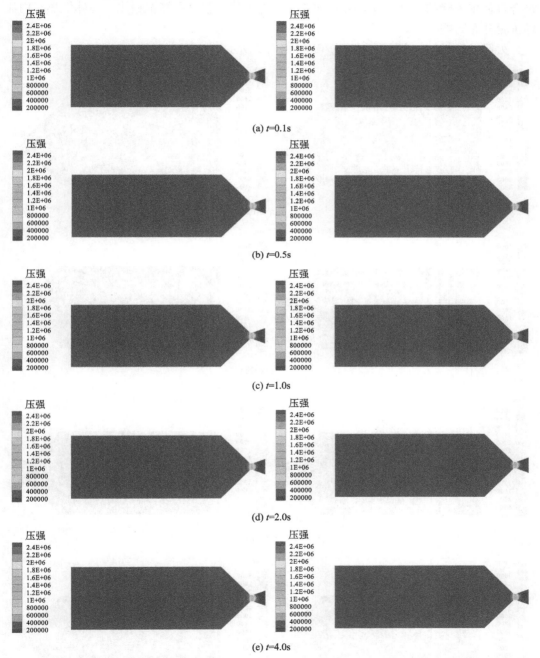

图 7-31 非绝热条件下发动机内流场轴向截面压强云图(压强单位：Pa)

左图：实验设计尺寸；右图：放大尺寸

　　从图 7-31 中可以看出，在燃烧室入口条件和喷管出口条件设置相同的前提下，实验设计尺寸和放大尺寸火箭发动机内流场的压强分布情况基本一致：在 0.1~4.0s，燃烧室内的压强都维持在 2.5MPa，从喷管扩张段开始逐步降低，直至喷管出口处，达到最低，符合拉瓦尔喷管的流动规律，并且和绝热条件下的压强分布情况相比，壳体散热对内流场压强分布影响很小。

　　火箭发动机轴向截面的温度分布如图 7-32 所示。

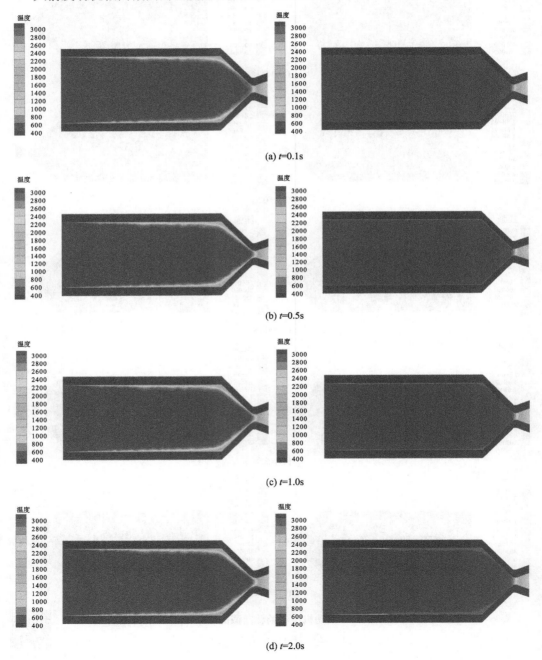

(a) t=0.1s

(b) t=0.5s

(c) t=1.0s

(d) t=2.0s

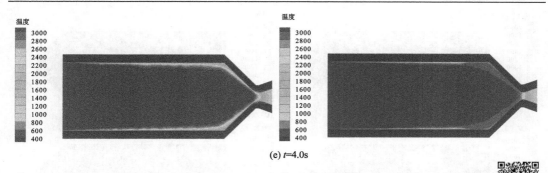

(e) *t*=4.0s

图 7-32　非绝热条件下发动机轴向截面温度云图(温度单位：K)

左图：实验设计尺寸；右图：放大尺寸

　　图 7-32 中，从实验设计尺寸发动机温度仿真结果可以明显看出壳体的散热效果：各个时间段内，靠近壳体内壁面流场中的燃气存在温度梯度，并且沿着气体流动方向，温度梯度变化更加明显；但是进入喷管收敛段后，随着气体流速的增大，温度梯度层被压缩变薄，但燃气和壳体之间热对流效应更加明显；从 0.1~4.0s，可以看出喷管喉部壳体温度明显升高，说明这一区域的壳体散热效果最为显著；在喷管扩散段，虽然气体流速很高，但气体温度较低，壳体温度不是很高。由于图片显示比例较小的缘故，放大尺寸下的温度梯度层在图中显示并不明显，而在 *t*=2.0s 和 *t*=4.0s，燃烧室内壁面附近很大区域内气体温度相对偏低，说明在放大尺寸条件下，发动机散热效果更为明显。

　　火箭发动机内流场轴向截面的速度分布如图 7-33 所示。

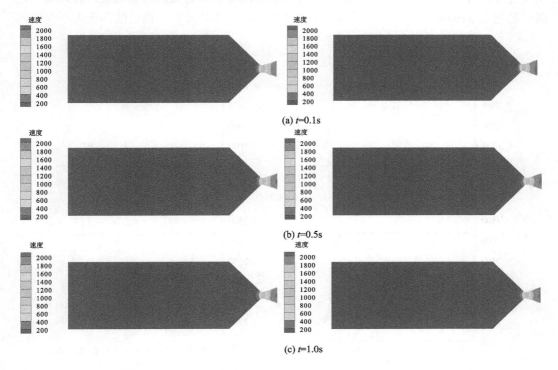

(a) *t*=0.1s

(b) *t*=0.5s

(c) *t*=1.0s

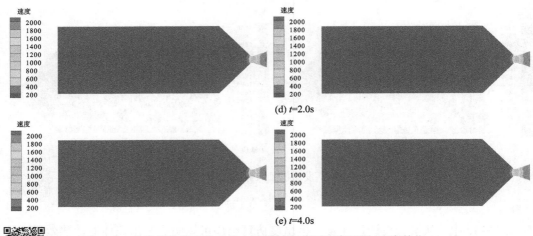

图 7-33　非绝热条件下发动机内流场轴向截面速度云图(速度单位：m/s)

左图：实验设计尺寸；右图：放大尺寸

从图 7-33 中可以看出，在实验设计尺寸和放大尺寸下火箭发动机内流场的速度分布情况基本一致：燃烧室中的速度很低，沿着喷管出口方向，速度不断增大，在喷管出口处速度达到最大。

各个时刻轴心上的温度分布如图 7-34 所示。

如图 7-34 所示，对于实验设计尺寸发动机，在非绝热条件下，0.1～4.0s，轴心上的温度分布规律基本一致，并且和绝热条件下轴心温度分布有很高的重合度：在燃烧室内温度稳定在 3199K，沿着气流方向，在喷管部位温度逐渐降低，说明散热损失不会影响

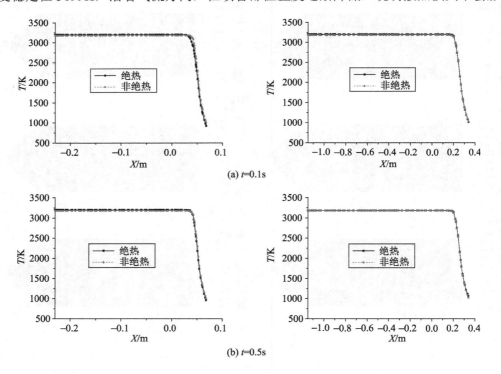

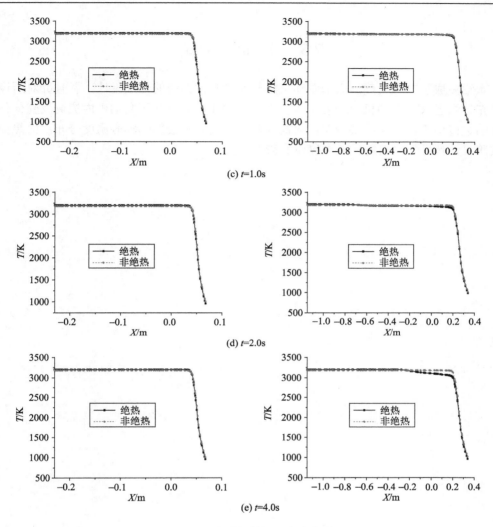

图 7-34　发动机轴心温度分布图

左图：实验设计尺寸；右图：放大尺寸

发动机轴心的温度分布。对于放大尺寸发动机，在 0.1～1.0s，非绝热条件下发动机轴心温度整体上符合火箭发动机温度内流场分布规律，并且和绝热条件下的轴心温度分布有很高的重合度；但是从 2.0s 开始，随着时间增加，在燃烧室和喷管收敛段部位轴心温度有一定的降低，说明散热损失影响了轴心温度分布。

　　通过开展非绝热条件下实验设计尺寸和放大尺寸下发动机内流场及壳体传热数值仿真，得出如下结论：实验设计尺寸发动机的轴心温度不受散热损失的影响；但是对于放大尺寸发动机，在散热损失的影响下，随着发动机工作时间的增加，相比于绝热条件下的轴心温度，轴心部分位置的温度会有一定程度的降低。

7.3　本　章　小　结

　　本章完成了非充气测温火箭发动机燃气温度测试系统的详细设计，并且针对所设计的非充气测温火箭发动机，开展了实验设计尺寸和放大尺寸下发动机内流场及壳体传热过程的数值仿真，仿真结果表明：火箭发动机的尺寸不会影响轴心温度分布；散热损失对实验设计尺寸发动机的轴心温度没有影响。

第8章 非充气式火箭发动机燃烧室燃气温度测试

由于无法通过实验手段准确得到 2300℃以上的高温环境下火箭发动机燃烧室燃气温度，在固体火箭发动机设计中，工程设计人员更多的是以推进剂理论燃烧温度作为参考依据。开展基于多波长光谱辐射火箭发动机燃烧室燃气温度测试研究，在缺乏相关推进剂燃气温度实验数据的前提下，多波长光谱仪的测试结果也可以与理论燃烧温度进行对比分析。

8.1 推进剂理论燃烧温度计算

燃烧温度可以表征推进剂的能量特性。基于吉布斯自由能法计算推进剂理论燃烧温度：首先根据推进剂的配方，计算出各组分的假定化学式和标准生成焓；然后根据质量守恒方程和化学平衡方程，在给定压强下，当自由能最小时，就可以得到相应的推进剂绝热燃烧温度。

目前，火箭发动机中常用复合推进剂，复合推进剂的主要组成成分有 HTPB、AP、黑索金、草酸铵、Al 等。这些物质的假定化学式和标准摩尔生成焓如表 8-1 所示。

表 8-1 部分物质的假定化学式和标准摩尔生成焓

物质	假定化学式	标准摩尔生成焓/(kJ/mol)
HTPB	$C_4H_{6.052}O_{0.052}$	−1.042796
AP	NH_4ClO_4	−290.46
黑索金	$C_3H_6O_6N_6$	+70.6626
草酸铵	$C_{16.12}H_{64.47}O_{32.23}$	−7007.95181
Al	Al	0

本实验用的复合推进剂有三种，分别命名为 P_1、P_2 和 P_3，配方如表 8-2 所示。

本书依据最小吉布斯自由能原理[99]，采用热力计算软件计算推进剂绝热燃烧温度。计算条件如下：初始温度设为 25℃，喷管扩张面积 $A_e / A_t = 5.76$，燃烧室压强取自实验数据。计算结果如表 8-3 所示。

表 8-2 实验用推进剂配方

推进剂种类	HTPB/%	AP/%	Al/%
P_1	14	85	1
P_2	14	77	9
P_3	14	69	17

表 8-3　　实验用推进剂理论燃烧温度

推进剂种类	燃烧室压强/MPa	理论燃气温度/℃
P_1	3.5	2658.2
P_2	4.5	2922.7
P_3	5.0	3171.4

8.2　燃气温度测试实验方案

在第 7 章设计的火箭发动机燃气温度测试实验系统的基础上，制定了火箭发动机燃烧室燃气温度测试的实验方案，实验的具体操作步骤如下。

(1)装配发动机，安装压强传感器、热电偶、多波长光谱仪组件等。

(2)数据采集系统和点火系统准备。

(3)发出操作指令。

①压强采集系统工作；

②光谱仪和热电偶采集系统工作；

③发动机点火。

(4)实验结束，拆卸发动机及相关测试设备，分析实验结果。

8.3　火箭发动机燃烧室燃气温度测试结果及分析

8.3.1　P_1推进剂燃烧室火焰温度测试结果

在铝含量 1%的推进剂燃烧室火焰温度测试中，选取无凸起的蓝宝石玻璃作为实验中的透射介质。实验现场如图 8-1 所示。

铝含量 1%的推进剂燃烧室火焰温度测试中点火现场如图 8-2 所示。

实验结果如下所示。

在铝含量 1%推进剂燃烧过程中，压强为 3.5MPa，但是温度数据全部失真，显示为背景温度，这表明高温光谱仪没有测到发动机燃烧室内的火焰温度，测量到的数据代表的是背景温度。

实验结束后拆卸清洗发动机的过程中发现：透光玻璃与火焰接触的一侧被黑色燃烧产物完全附着，无法透光。发动机工作结束后透光玻璃表面如图 8-3 所示。

其中附着物一角缺失，就具有明显的划痕，这是在拆卸过程中工具接触所致。附着物呈黑色，完全覆盖玻璃与燃气接触的部分，而且透光性很差，这是高温光谱仪没有采集到任何有效数据的原因。

图 8-1　发动机燃烧室火焰温度测量现场实验照片

图 8-2　点火现场

图 8-3 发动机工作结束后蓝宝石玻璃表面

8.3.2 P₂ 推进剂燃烧室火焰温度测试结果

铝含量 1%的推进剂燃烧室火焰温度测试失败，没有采集到任何有效数据。对铝含量 9%的推进剂燃烧室火焰温度测试实验做出了以下调整：采用石英玻璃，且带圆柱台，圆柱台凸出部分高度为 7mm，希望玻璃可以直接接触燃烧火焰，减少玻璃上燃烧产物的堆积。

点火后测量得到燃烧室压强为 4.5MPa，温度数据绘制曲线如图 8-4 所示。

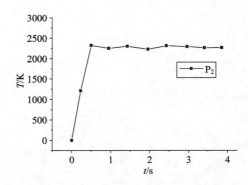

图 8-4 铝含量 9%的推进剂燃烧室火焰温度曲线

由图 8-4 得出：推进剂燃烧温度约为 2300K，明显低于 P₂ 推进剂理论燃烧温度。点火后取出透明窗内玻璃，发现石英玻璃上有白色附着物，如图 8-5 所示。

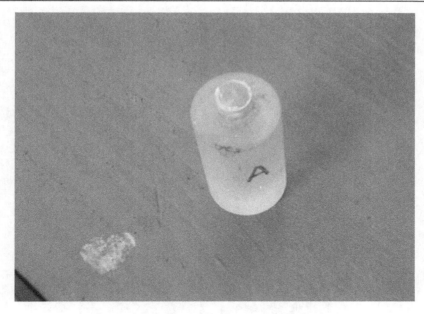

图 8-5　发动机工作结束后石英玻璃表面

观察发现：玻璃与燃气的接触面上有很厚的附着物，附着物呈白灰色，透光性很差，经分析认为是 Al 的燃烧产物。

8.3.3　P_3 推进剂燃烧室火焰温度测试结果

在铝含量 17% 的推进剂燃烧室火焰温度测量实验中，仍采用石英玻璃，7mm 凸台。点火后测量得到燃烧室压强为 5.0MPa，实验数据绘制曲线如图 8-6 所示。

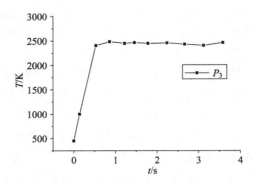

图 8-6　铝含量 17% 的推进剂燃烧室火焰温度曲线图

可以得出铝含量 17% 的推进剂燃烧室火焰温度约为 2450K，同样明显低于 P_3 推进剂理论燃烧温度。拆卸发动机后，同样发现玻璃上存在附着物问题。玻璃拆卸后如图 8-7 所示。

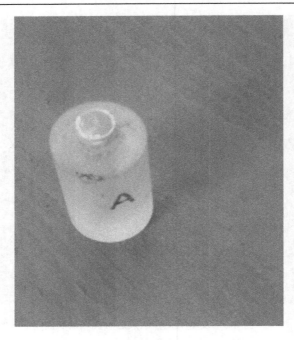

图 8-7　发动机工作结束后石英玻璃表面

　　观察发现：玻璃上仍存在附着物问题，附着物性状与铝含量 9%的推进剂燃烧室火焰温度测试中类似，呈白灰色，透光性很差，经分析认为是 Al 的燃烧产物。

8.4　本 章 小 结

　　本章计算了 P_1、P_2 和 P_3 三种推进剂的理论燃烧温度，完成了非充气式火箭发动机燃烧室燃气温度测试实验方案的制订，开展了上述三种推进剂的发动机燃烧室燃气温度测试实验，并对实验结果进行了分析。相关结论如下。

　　高温光谱仪透过光学玻璃测得的实测温度明显低于理论温度。原因是附着物遮挡光学玻璃，使燃烧室内火焰的辐射光谱不能通过光学玻璃进入高温光谱仪中的光学采样系统。经分析，在铝含量 1%的推进剂燃烧室火焰温度测量实验中，玻璃上的黑色附着物为推进剂的不完全燃烧产物；在铝含量 9%和 17%的推进剂燃烧室火焰温度测量实验中，玻璃上的白灰色附着物为铝的燃烧产物。在发动机工作时，高温燃气与温度低的光学玻璃直接接触，燃气中的高温产物遇到低温的玻璃端面后迅速降温，进而附着在玻璃端面上。因此高温光谱仪测量得到的温度应该是附着物的温度。

第9章 充气式测温系统设计与流场仿真

在非充气式发动机燃烧室燃气温度测试实验中，燃烧室中燃烧凝相产物附着在透明窗玻璃表面，影响光路畅通，造成多波长光谱辐射燃温测试系统的测试结果明显偏低。为此，引入充气系统来保护透明窗玻璃的干净，并相应地改进了测温火箭发动机结构，从而形成了充气式测温火箭发动机燃气温度测试系统。

不同于普通的火箭发动机，在充气条件下，火箭发动机的内流场状态会发生改变，充入的常温保护气可能会对发动机燃烧室内燃气的流动状态产生影响。开展充气条件下测温火箭发动机内流场非稳态仿真，可以观察燃烧室及充气系统中各个时刻气体的流动状态和物理参数的变化，从而验证两方面的问题：一是保护气对透明窗的保护效果；二是保护气是否会影响多波长光谱测温系统获取燃烧室内燃气真实温度。本章采用 Fluent 软件，分析不同充气方式下测温火箭发动机内流场的变化规律。

9.1 充气式测温系统组成与设计

在非充气式火箭发动机燃气温度测试系统的基础上，对测温火箭发动机进行改进，再增加充气系统，从而形成了充气式火箭发动机燃气温度测试系统，其主要组成有：充气式测温火箭发动机、多波长光谱辐射温度测试系统、热电偶温度测试系统、充气系统以及压强数据采集系统五个子系统。实验系统如图 9-1 所示。

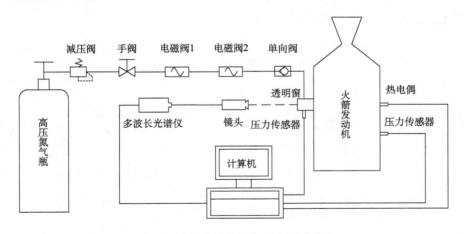

图 9-1 火箭发动机燃气温度测试系统

9.1.1 充气式测温发动机详细设计

相比于非充气测温火箭发动机，充气测温火箭发动机的基本性能参数一致，所做的改进在于：①在燃烧室上设计了相应的充气结构；②透明窗组件的结构进行了一定改进。第 7 章已对测温发动机的药柱设计、燃烧室设计、后封头设计、喷管及喷管压螺设计、挡药板设计以及点火装置和点火密封装置设计做了详细介绍，此处不再赘述，本节重点介绍改进装置的设计。

1. 透明窗组件的改进设计

为了保护透明窗的干净，在透明窗组件上增加了充气结构。改进后的透明窗组件主要包括透明窗载件、透明窗压螺、透明窗玻璃和透明窗堵头。具体结构尺寸分别如图 9-2～图 9-5 所示，透明窗组件装配三维模型如图 9-6 所示。

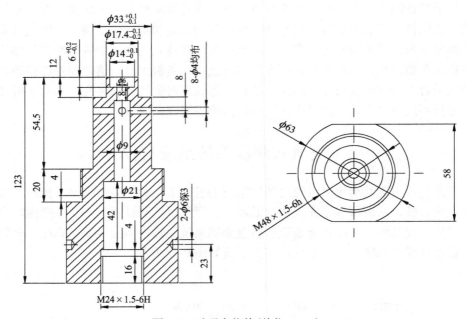

图 9-2　透明窗载件（单位：mm）

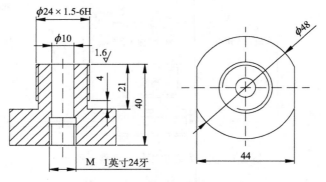

图 9-3　透明窗压螺（单位：mm）

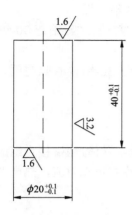

图 9-4　透明窗玻璃(单位：mm)

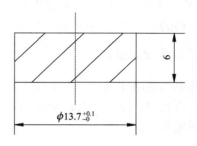

图 9-5　透明窗堵头(单位：mm)

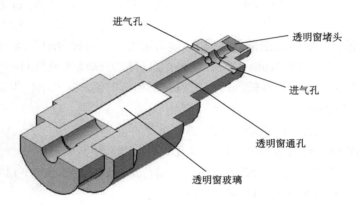

图 9-6　透明窗三维装配模型

改进后形成的充气式测温火箭发动机装配模型如图 9-7 所示。

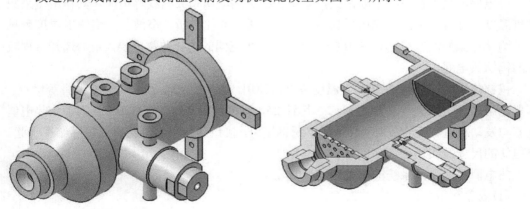

(a)发动机三维装配轮廓图　　　　　　　　　　　(b)发动机三维装配剖视图

图 9-7　测温火箭发动机三维装配模型

热电偶是基于物质的热电效应原理实现测温的一种接触仪器。

(1) 一等标准铂铑 30-铂铑 6 热电偶主要用于检定二等(或二级)铂铑 30-铂铑 6 热电偶，测温范围 1100～1500℃，扩展不确定度 2.9℃；

(2) 二等铂铑 30-铂铑 6 热电偶主要用于检定三级铂铑 30-铂铑 6 热电偶，测温范围 1100～1500℃，扩展不确定度 3.2℃。

2. 热电偶测温原理

热电偶测温原理是热电效应，即两种不同的导体(或半导体)两端接合组成回路，当两个接合点的温度不同时，会在回路内产生热电势，又称赛贝克效应，热电偶回路的基本定律见 7.1 节。

3. 标准热电偶检定

一般认为热电势与温度之间的关系为二次幂函数，采用三个固定温度点，对热电偶进行分度。

(1) 固定点法：分度标准铂铑 10-铂热电偶所用固定点有锌凝固点(419.527℃)、铝凝固点(660.37℃)、铜凝固点(1083.4℃)，是热电偶分度方法精度最高的。

(2) 钨铼热电偶检定：当前较为实用的钨铼系列热电偶，其长期使用温度为 2300℃，短期使用温度可到 2800℃。

采用比较法分段检定 0～2300℃的钨铼热电偶。

(1) 0～300℃使用恒温水槽和油槽，以及二等标准水银温度计；

(2) 300～1600℃使用管式检定炉，以及二等标准铂铑 10-铂(300～1300℃)热电偶和标准铂铑 30-铂铑 6(1200～1600℃)热电偶；

(3) 800～2800℃使用高温真空钨管炉，以及光学高温计或者光电高温计。

光学高温计或者光电高温计属于辐射测温仪器。

热电偶温度测试系统主要由数据采集系统、热电偶和数据线等组成，其作用是采集燃气温度，并且与多波长光谱采集系统的结果进行对比分析。多波长光谱辐射温度测试系统测试对象的温度多分布在 1000～3500℃，热电偶的选择非常重要，本书选择量程较大的钨铼热电偶。

钨铼热电偶可在超过 2000℃温度范围内使用，具有热稳定性好、价格便宜等优点。本书选用的热电偶型号为 C 型钨铼 5-钨铼 26，温度测量范围 0～2320℃。为了让热电偶能够与发动机进行配合安装，设计了不锈钢接口，接口和热电偶采用高温胶黏结在一起。热电偶的尺寸及实物如图 9-8 所示。

热电偶温度测试系统的主要性能参数如下。

(1) 温度测量范围：0～2320℃；

(2) 采样频率：8ms。

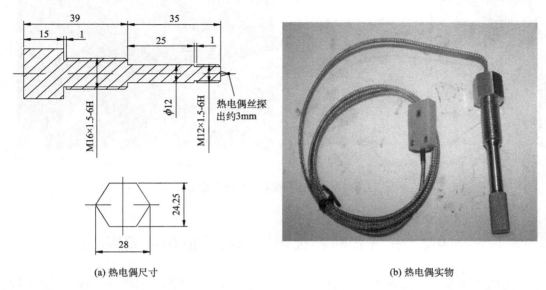

(a) 热电偶尺寸　　　　　　　　　(b) 热电偶实物

图 9-8　热电偶(单位：mm)

9.1.2　充气系统

在第 8 章的发动机燃烧室燃气温度测试中，测量了铝含量 1%、9%、17%复合推进剂在非充气型发动机燃烧室中的燃烧火焰温度，但测量值明显低于理论值。经分析认为在发动机工作过程中，高温燃气与透光玻璃存在很大的温差，造成燃气中的一些燃烧产物附着在玻璃与燃气接触的端面上。附着物的存在，使光学玻璃的透光性变得极差，阻挡了燃烧室火焰的辐射光谱进入高温光谱仪的光学采集系统。高温光谱仪实际测得的是玻璃上附着物的温度。为了解决由于燃烧产物附着在玻璃导致测温不准确这一问题，设计了发动机透明窗的充气系统，充气发动机采用对测温通道充冷气的方法，在高温燃气与透光玻璃之间形成一个绝热冷气垫，使燃气与玻璃不直接接触，减小玻璃上附着的燃烧产物，达到测量燃烧室燃烧火焰温度的目的。

充气系统结构主要由气瓶、减压阀、手阀、电磁阀、单向阀和管道等组成。气瓶作为气源，储存高压氮气，氮气不与推进剂燃烧产物发生反应，且价格便宜，适合充当透明窗玻璃的保护气。减压阀起调节充气压强的作用，手阀则控制充气管路畅通。两个电磁阀为直动式结构，电磁阀可以控制充入发动机的保护气量。单向阀是为了防止气体回流进入管道。管道采用不锈钢材料，内径 16mm，壁厚 2mm，抗压强度符合实验要求。充气系统的部分实体结构如图 9-9 所示。

(a) 气瓶和减压阀结构　　　　　　　　　(b) 电磁阀和单向阀结构

图 9-9　充气系统部分结构现场图

9.2　充气式测温火箭发动机数值仿真模型

　　充气式测温火箭发动机的数值仿真不涉及发动机点火和推进剂燃烧方面，侧重于探索充气条件下测温发动机内流场分布规律。基于有限体积法，通过简化物理数学模型，建立了合理的测温火箭发动机数值仿真模型。采用基于质量、动量和能量守恒规律的欧拉法描述气相流体运动规律，采用颗粒轨道模型模拟 Al_2O_3 凝相颗粒的运动，采用标准 $k\text{-}\varepsilon$ 模型作为湍流模型，气源以高压容器箱代替，开展不同充气方式下测温发动机内流场的变化规律。

　　为方便开展发动机内流场仿真，且更好的描述燃烧室中的流动现象，常需要做出一些假设。而充气式测温火箭发动机与非充气式测温火箭发动机在仅在透明窗处有区别，对内流场的影响不大，因此本章采用的假设以及边界条件的设置与第 7 章一致，此处不再赘述，接下对充气式发动机的物理模型和网格划分做详细介绍。

9.2.1　物理模型和网格

　　物理模型和网格：参考第 4 章中火箭发动机燃气温度测试系统以及测温火箭发动机的详细设计，在发动机实际工作中，只有两个电磁阀之间存储的气体作为透明窗的保护气充入发动机中，另外透明窗充气通道的设计也相对复杂。在进行数学建模时，对实际的充气系统进行简化，双电磁阀长管结构简化成一个圆筒状箱体，透明窗玻璃前端的通孔与箱体之间直接采用管道连接。简化的三维几何模型如图 9-10 所示。

　　Fluent 软件是基于有限体积法的 CFD 求解器，因此计算之前需要对计算域在空间上进行网格划分。图 9-10 中的几何模型结构虽然有些复杂，但各个部分都是回转体，网格划分选择结构化网格。结构化网格的质量高，网格模型比较接近实际几何模型，同时网格质量容易控制，计算速度快、容易收敛。采用 ICEM 软件划分的网格如图 9-11 所示，左下部分为火箭发动机，右上部分为充气系统简化结构，里面充满高压保护气，网格总数量约为 56 万。

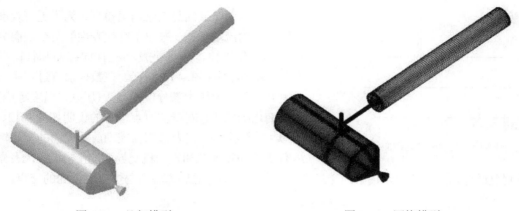

图 9-10　几何模型　　　　　　图 9-11　网格模型

9.2.2　边界条件

气相入口边界、出口边界和初始化条件均参照第七章中 7.2.1 节设置。由于本章中考虑凝相颗粒在燃烧室内的流动，因此需要添加颗粒相入口边界条件并对颗粒相与壁面之间的碰撞进行条件约束。

1. 颗粒相入口边界条件

固体火箭发动机实验中多采用含铝复合推进剂，其燃烧产物中的凝相绝大多数可以是 Al_2O_3，形状大体为球形[100]。因此，颗粒相材料选择固态 Al_2O_3，并且假定在发动机内流动过程中不存在相变，固态 Al_2O_3 密度 3970kg/m^3，比热容 774J/(kg·K)。颗粒相喷入方式为面喷射，颗粒为球形，参考相关文献[101,102]，颗粒直径取 $1×10^{-5}$m，颗粒温度 3200K，颗粒质量流量 0.02kg/s。

2. 壁面边界条件

在考虑绝热的情况下，采用无滑移壁面；颗粒碰撞燃烧室壁面为完全弹性碰撞，其他壁面为完全非弹性碰撞。

9.3　充气式测温火箭发动机数值仿真结果及分析

设计充气系统是为了保证测温火箭发动机透明窗玻璃的干净，以免影响光谱数据的采集。开展测温火箭发动机数值仿真的目的是验证充气系统的合理性，主要体现在两个方面：①充气系统能否保护透明窗玻璃干净；②充入的保护气是否影响发动机内流场，进而是否干扰多波长光谱仪采集准确的燃气温度数据。

基于以上考虑，本书开展了两种工况下火箭发动机内流场两相流非稳态数值仿真：工况一是保护气和燃气同时进入燃烧室；工况二是燃气先进入燃烧室，待流场稳定后再充入保护气。

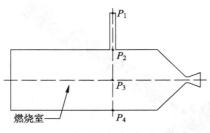

图9-12　发动机轴向截面示意图

由于本书建立的是三维仿真模型，为了更直观展现发动机内流场状态，选取了有代表性的两个截面分析流场变化规律，分别是发动机轴向截面和径向截面，如图9-12和图9-13所示。在数值仿真过程中，监测并记录了流场中部分位置参数(压强、温度等)随时间变化的规律。对于监测点位置的说明如图9-12、图9-13所示，P_1代表透明窗玻璃前端表面的圆心，P_2代表透明窗通孔和发动机交界面的中心，P_3代表光谱测温通道轴心和燃烧室轴心的交汇点，P_4代表光谱测温通道轴心与燃烧室壁面的交点。

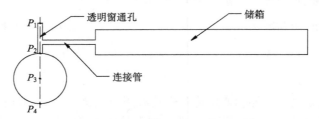

图9-13　发动机径向截面示意图

需要说明的是，在Fluent中，各监测点P_1、P_2、P_3、P_4处的参数(压强、温度和速度)设置为一个时间步长保存一次，最终所保存的监测点数据中没有$t=0$时刻的参数值，$t=0$时刻的参数值也无法显示在时间曲线上。

9.3.1　工况一条件下火箭发动机内流场数值仿真

工况一开展了保护气和燃气同时进入发动机燃烧室的两相流非稳态数值仿真。发动机工作时间1s，燃气压强2.5MPa、温度3200K，保护气压强3.5MPa，温度298K，时间步长0.0001s。

1. 工况一发动机内流场压强分布规律

监测点P_1、P_2、P_3、P_4处压强随时间变化曲线如图9-14所示。

从图8-31可以看出，P_1、P_2、P_3、P_4处压强随时间变化的规律。发动机工作初始阶段，是燃烧室平衡压强建立的过程，各监测点处的压强变化比较明显：由于保护气的压强比燃气压强高1MPa，保护气通过透明窗通孔进入燃烧室，P_1压强从保护气初始设置的3.3MPa迅速降低至2.5MPa左右，和燃气压强比较接近；P_2处于保护气流动通道上，开始主要受保护气影响，压强很高，随着保护气流出透明窗通孔，保护气流速很快导致静压偏低，甚至低于燃气压强，随着燃气不断充入燃烧室，P_2压强很快回升至2.5MPa，并且在2.5MPa上下波动，这反映了保护气和燃气之间存在的一个压强平衡过程；P_3开始时候受到保护气和燃气的双重影响，0.0001s时刻的压强在62MPa，随着保护气的减少，压强出现降低，接着燃气对P_3处压强的影响占据主导作用，因此P_3处压强很快回归平衡，基本不再变化；在P_4处，高速流动的保护气冲击燃烧室壁面，保护气速度迅速降低，在壁面附近形成一个高压区,压强高于对应时刻 P_3 的压强,但是随着保护气的逐渐减少,气体冲击壁面的效果消失,P_4 压强最终维持在 2.5MPa。

测温火箭发动机轴向截面压强云图如图 9-15 所示。

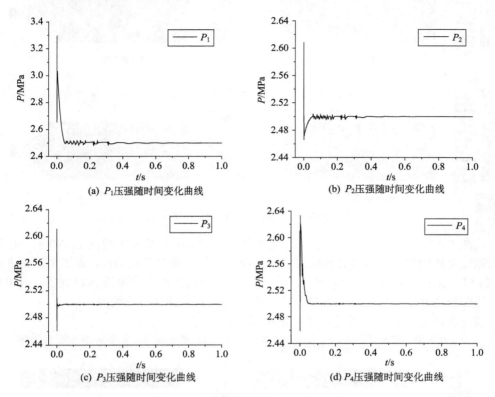

(a) P_1压强随时间变化曲线　　　　　(b) P_2压强随时间变化曲线

(c) P_3压强随时间变化曲线　　　　　(d) P_4压强随时间变化曲线

图 9-14　监测点压强随时间变化曲线

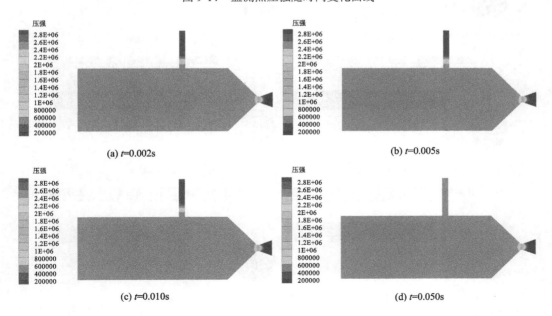

(a) t=0.002s　　　　　　　　　(b) t=0.005s

(c) t=0.010s　　　　　　　　　(d) t=0.050s

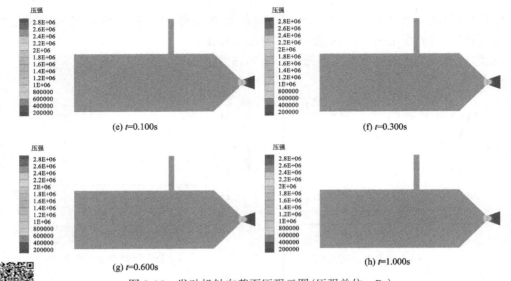

(e) $t=0.100$s　　　　　　　　　　　　　(f) $t=0.300$s

(g) $t=0.600$s　　　　　　　　　　　　　(h) $t=1.000$s

图 9-15　发动机轴向截面压强云图(压强单位：Pa)

　　从图 9-15 中可以看出，整个流动过程中，燃烧室压强基本维持在 2.5MPa，在喷管处压强变化比较剧烈，沿喷管轴向减小，符合拉瓦尔喷管的流动规律。而透明窗通孔处，0.002s 时压强在 2.8MPa 以上，高于燃烧室压强，随着保护气不断充入燃烧室，到 0.05s 时，透明窗通孔中的压强已经与燃烧室保持平衡，随后变化并不明显。

　　测温火箭发动机径向截面压强云图如图 9-16 所示。

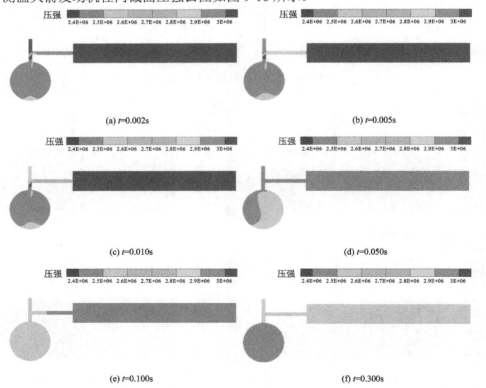

(a) $t=0.002$s　　　　　　　　　　　　　(b) $t=0.005$s

(c) $t=0.010$s　　　　　　　　　　　　　(d) $t=0.050$s

(e) $t=0.100$s　　　　　　　　　　　　　(f) $t=0.300$s

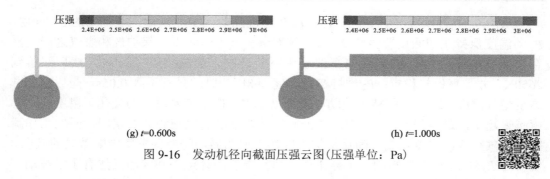

(g) t=0.600s   (h) t=1.000s

图 9-16　发动机径向截面压强云图(压强单位：Pa)

从图 9-16 可以明显看出发动机径向截面压强变化情况。0.002s 时刻，连接管中的压强降低，说明此处气体在流出，连接管和透明窗通孔相贯处的压强变化比较剧烈，而在燃烧室底部壳体附近出现了高压区，和图 9-14 中 P_4 曲线所描述的情况一致。0.005s 时，连接管中的保护气压强进一步降低，靠近透明窗玻璃的通孔内压强也出现降低，燃烧室底部的高压区范围进一步扩大。0.01s 时，连接管和透明窗通孔中的压强继续降低，储箱中与连接管交界处的压强也出现变化，说明从开始工作到 0.01s，是一个不断充气的过程。在 0.05s 以后，保护气和燃气的压强比较接近，燃烧室和储箱存在一个气体压缩和反压缩的过程，到 1s 时，发动机径向截面的压强分布已经完全达到平衡状态。

2. 工况一发动机内流场温度分布规律

监测点 P_1、P_2、P_3、P_4 处温度随时间变化曲线如图 9-17 所示。

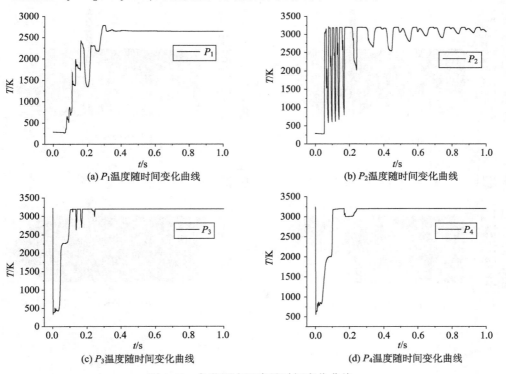

(a) P_1温度随时间变化曲线　　　　　　(b) P_2温度随时间变化曲线

(c) P_3温度随时间变化曲线　　　　　　(d) P_4温度随时间变化曲线

图 9-17　各监测点温度随时间变化曲线

从图 9-17 可以看出 P_1、P_2、P_3、P_4 处温度随时间变化规律。在开始的 0.07s 内，P_1 的温度保持在初始设置温度 298K，随着保护气不断减少，保护气和燃气之间一直存在热交换作用，P_1 的温度也在波动中不断升高，最高接近 2800K，然后回落到 2650K，并一直保持稳定；P_2 维持初始温度 298K 的时间只有不到 0.05s，随后温度升高至燃气温度 3200K，并持续波动，幅度也很大，但是随着时间的变化，温度波动幅度越来越小，最终趋向于 3200K；P_3 和 P_4 处的温度变化趋势大体相同，开始工作瞬间受燃气影响，温度很高，随后保护气的作用更明显，随着保护气影响效果的减弱，燃气对 P_3 和 P_4 温度的影响占主导作用，两点温度回升至 3200K，虽然有小幅波动，但很快就维持稳定。

图 9-18 是测温火箭发动机轴向截面的温度云图。

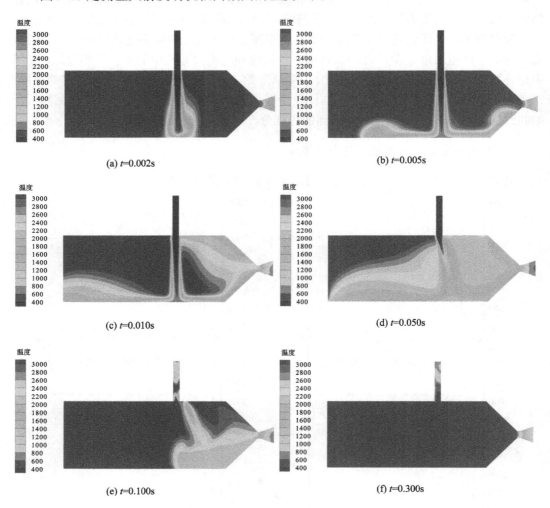

(a) t=0.002s　　　　　　　　　　　　(b) t=0.005s

(c) t=0.010s　　　　　　　　　　　　(d) t=0.050s

(e) t=0.100s　　　　　　　　　　　　(f) t=0.300s

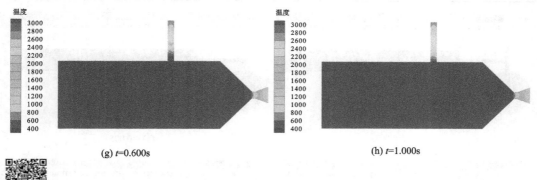

(g) t=0.600s　　　　　　　　　　　　　　(h) t=1.000s

图 9-18　发动机轴向截面温度云图(温度单位：K)

图 9-18 反映了各个时刻发动机轴向截面的温度随时间变化规律。0.002s 时，保护气呈现"射流"状喷射进入燃烧室，并且在燃烧室底部扩散，而此时喷管喉部的温度依然偏高，说明拉瓦尔喷管流动状态还未完全稳定。0.005s 时，保护气贴着壳体底部分别向燃烧室入口和喷管两个方向扩散，和燃气不断混合，扩散中的保护气温度也在不断升高。

0.01s 时，保护气扩散到燃烧室入口，导致燃气入口出现"回流"；喷管方向，保护气扩散到整个收敛段、喉部以及扩散段，造成这些位置的温度都出现不同程度的降低。在 0.05s 时刻，保护气对燃烧室温度场的影响最为明显，燃烧室中大部分区域的温度在1600K 左右，同时，在燃气来流作用下，"射流"和"回流"现象也即将消失。

0.1s 时，在燃气流的带动下，燃烧室中的保护气边扩散边向喷管处移动，而此时燃气也开始进入透明窗通孔。0.3s 时，燃气对透明窗通孔处温度的影响非常明显，整个透明窗通孔处的温度都比较高。

随后，0.3～1.0s，燃气和保护气在透明窗通孔中形成一个动态平衡的过程，通孔中的温度缓慢降低，但是透明玻璃前端表面温度依然很高，接近 2800K；在燃气影响下，喷管处温度也在回升，达到平衡状态。

为了进一步说明发动机内温度的变化规律，图 9-19 给出了各个时刻发动机径向截面的温度云图。

从图 9-19 中可知，0.002～0.05s，保护气一直在影响燃烧室流场的温度，保护气进入燃烧室后沿着壳体在径向截面上扩散，直至影响径向截面大部分区域的温度场。

0.05s 以后，燃气逐渐充满燃烧室，开始进入透明窗通孔，使通孔处温度升高。在0.1s 时刻，通孔中出现了"中间温度低、两端温度高"的现象，对于这种情况的解释是：在 0.1s 之前，燃气进入通孔，往储箱中压缩保护气，造成通孔和连接管交界处温度较高，紧接着，被压缩后的保护气反压缩，将高温燃气往通孔两端挤压，从而出现这种现象。由于透明窗玻璃前端的通孔中依然存在低温保护气，在和燃气的热交换中温度升高比较明显。0.3s 时，径向截面的温度场说明存在燃气挤压保护气的过程，而 0.6s 和 1.0s 时的温度场则表明了保护气挤压燃气的过程，最终燃气和保护气会在透明窗通孔和连接管中形成一个热量传递的动态平衡过程。

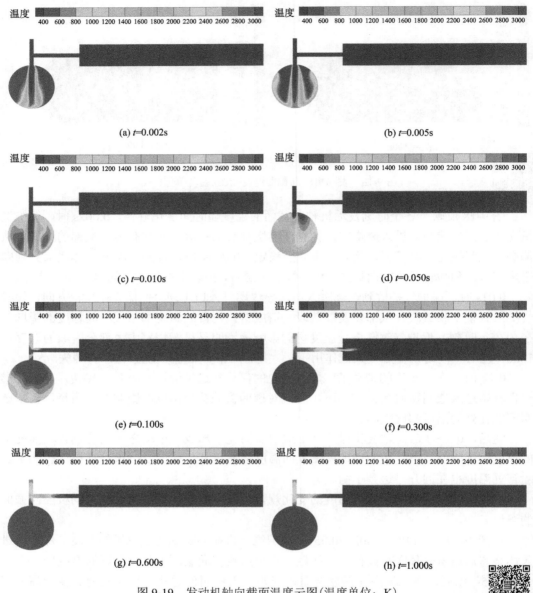

图 9-19　发动机轴向截面温度云图(温度单位：K)

3．工况一发动机内流场速度分布规律

一般情况下，发动机燃烧室中气体流速较低，不超过 10m/s，保护气充入发动机燃烧室的过程会引起气体流速的剧烈变化，图 9-20 给出 P_1 和 P_2 处沿 Y 方向(即透明窗通孔轴向)上的速度变化曲线。

从图 9-20 中可以看出，P_1 和 P_2 处沿 Y 方向上的速度都呈现波动变化，其中，P_1 处速度变化不太明显，而 P_2 处于保护气的喷射口，速度振荡变化趋势非常明显，随着时间的变化，振荡趋于缓和，这种情况反映了保护气和燃气之间建立压强动态平衡的过程。

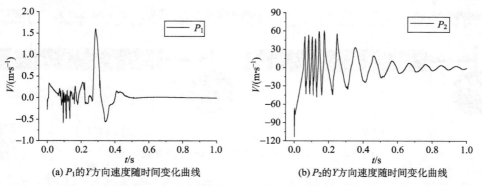

(a) P_1 的 Y 方向速度随时间变化曲线　　　　　　(b) P_2 的 Y 方向速度随时间变化曲线

图 9-20　P_1 和 P_2 处 Y 方向上速度随时间变化曲线

图 9-21 是测温火箭发动机径向截面的速度云图。

从图 9-21 中可以看出，在 0.002～0.1s，根据气体流速的不同，可以看出保护气的喷射状态：首先是连接管中的气体沿着透明窗通孔流入燃烧室，随着储箱中压强的不断降低，保护气的速度也随之降低，而透明窗玻璃前端到连接管交界处这一段通孔中保护气的速度一直很低，说明此处气体没有明显的流动。这一段的气体一直被压缩在通孔中，对透明窗玻璃起到了保护作用。

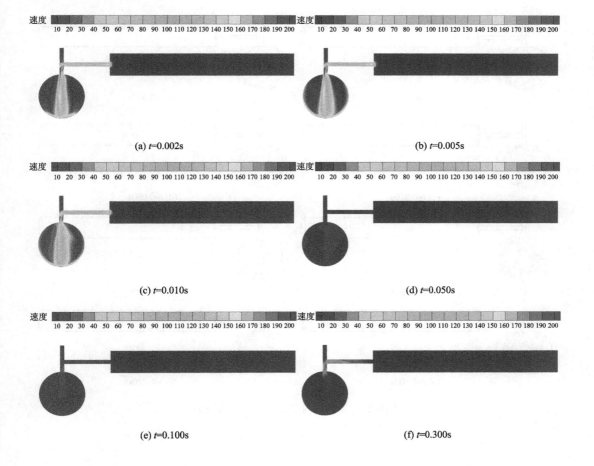

(a) $t=0.002$s　　　　　　　　　　　　　　(b) $t=0.005$s

(c) $t=0.010$s　　　　　　　　　　　　　　(d) $t=0.050$s

(e) $t=0.100$s　　　　　　　　　　　　　　(f) $t=0.300$s

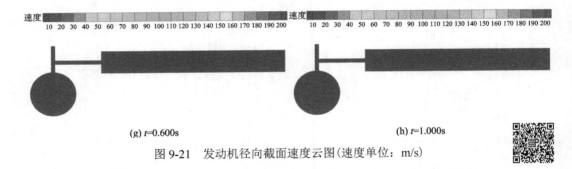

(g) $t=0.600$s　　　　　　　　　　　　　(h) $t=1.000$s

图 9-21　发动机径向截面速度云图(速度单位：m/s)

0.3s 时刻，由于燃气进入透明窗通孔，连接管中的气体速度升高。随后，直到 1.0s，气体流速越来越小，在云图上已经不能体现出这种小范围的波动变化。

4. 工况一发动机内流场粒子分布规律

本书在仿真建模时采用了颗粒轨道模型，即假定在发动机入口存在一定尺度的凝相粒子随着燃气一起喷射进入燃烧室。跟踪颗粒相的运动轨迹，是为了验证在保护气的作用下透明窗玻璃表面是否干净，同时颗粒轨迹的分布情况也能反映出充气状态下发动机内流场的变化情况。图 9-22 是各个时刻发动机内凝相颗粒的轨迹分布图。

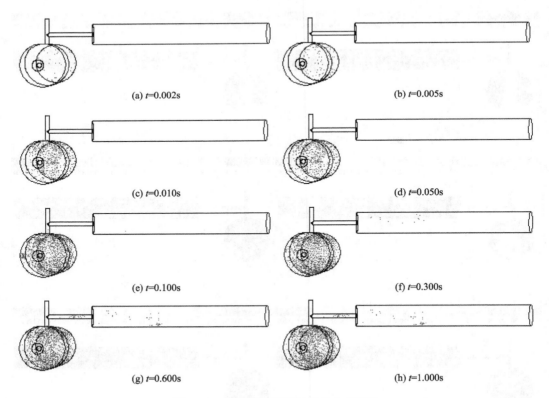

(a) $t=0.002$s　　　　　　　　　　　　　(b) $t=0.005$s

(c) $t=0.010$s　　　　　　　　　　　　　(d) $t=0.050$s

(e) $t=0.100$s　　　　　　　　　　　　　(f) $t=0.300$s

(g) $t=0.600$s　　　　　　　　　　　　　(h) $t=1.000$s

图 9-22　发动机内凝相粒子的分布情况

从图 9-22 中可以看出，在 0.002s 和 0.005s 时刻，发动机刚开始工作，燃烧室中的粒子比较稀疏。从 0.01s 开始，可以明显看出粒子浓度的增加，而此时透明窗通孔、连接管和储箱中一直没有粒子的存在，部分粒子的颜色变成青色，表征粒子速度增大，这是由于保护气的高速流动所造成的。从 0.1s 开始，随着燃气进入通孔，分布在燃气中的粒子也开始往连接管和储箱中扩散，0.3s 时可以明显看出储箱中存在粒子，直到 1.0s，连接管和储箱中的粒子越来越多。但是，尤其需要注意的是，透明窗玻璃前端的一小段通孔中从始至终都没有粒子的存在，这种现象和速度云图中所描绘的情况一致，说明保护气对透明窗玻璃起到了很好的效果。

在工况一条件下，开展测温火箭发动机内流场两相流非稳态数值仿真，得到如下结论：保护气对透明窗玻璃起到了保护作用，能够阻止凝相颗粒覆盖透明窗玻璃表面；保护气在短时间内会影响发动机燃烧室内流场分布，但是在 0.1s 以后，基本上不会影响光谱仪采集光谱通道内燃气的真实温度；由于燃气的热传导作用，透明窗玻璃表面温度偏高，最高温度接近 2800K，超过了透明窗玻璃材料 Al_2O_3 的熔点。

9.3.2　工况二条件下火箭发动机内流场数值仿真

与工况一的燃气和保护气同时进入燃烧室不同，工况二是燃气先充入燃烧室，在发动机中流场状态稳定之后，再充入保护气。发动机工作时间 1.5s，燃气压强 2.5MPa、温度 3200K，保护气压强 3.5MPa，温度 298K，时间步长 0.0001s。

工况二条件下开展火箭发动机内流场两相流非稳态数值仿真，开始 0.5s 只有燃气进入燃烧室，在 0.5s 以后，保护气也开始进入燃烧室，燃气和保护气在燃烧室内混合。

1. 工况二发动机内流场压强分布规律

图 9-23 是各监测点的压强随时间变化曲线，虚线表示从 0.5s 时燃烧室中开始充入保护气。

从图 9-23 中可以看出，在 0.5s 之前，P_1 的压强维持在 3.5MPa，0.5s 后发动机中开始充入保护气，P_1 的压强降低，在 0.55s 降到 2.5MPa 左右，然后小幅波动后维持稳定；P_2 和 P_3 处的压强变化趋势一致，0.5s 开始充入保护气，保护气流经 P_2、P_3 时，由于速度比较高，导致 P_2 和 P_3 处静压偏低（2.5MPa 以下），随着保护气的减少，速度也不断降低，压强逐渐回升到 2.5MPa 左右并小幅波动，其中 P_3 处的压强很快恢复稳定，而 P_2 在 1.5s 之前并没有完全稳定，只是压强波动幅度越来越小；在 0.5s 之前，P_4 的压强也是稳定在 2.5MPa，充入保护气后，保护气在到达 P_4 时速度迅速降低至零，因此 P_4 处压强很高，随着保护气压强的逐渐降低，P_4 的压强也最终稳定在 2.5MPa。

测温火箭发动机轴向截面的压强云图如图 9-24 所示。

从图 9-24 中可以看出，整个流动过程中，燃烧室压强比较稳定，在喷管处压强变化比较剧烈，沿喷管轴向减小，符合拉瓦尔喷管的流动规律。0.5s 之前，透明窗通孔和燃烧室不连通，燃烧室中压强为 2.5MPa，透明窗通孔中保护气压强为 3.5MPa。0.5s 以后，透明窗通孔中的保护气开始进入燃烧室，可以从 0.501~0.51s 通孔中压强的变化说明这一现象。在 0.58s 时，透明窗通孔中的压强已经与燃烧室保持平衡，直到 1.5s 基本不再变化。

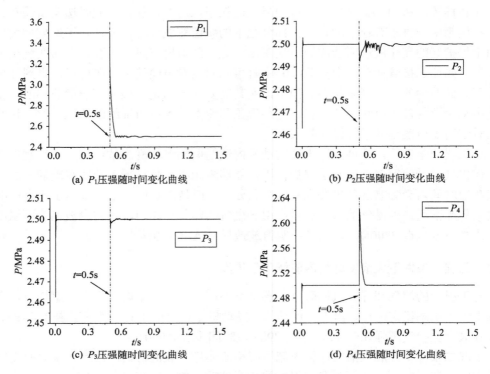

(a) P_1压强随时间变化曲线　　　　　　　　　(b) P_2压强随时间变化曲线

(c) P_3压强随时间变化曲线　　　　　　　　　(d) P_4压强随时间变化曲线

图 9-23　各监测点的压强随时间变化曲线

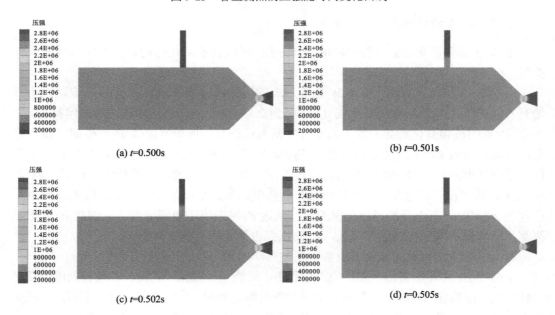

(a) t=0.500s　　　　　　　　　　　　　　　(b) t=0.501s

(c) t=0.502s　　　　　　　　　　　　　　　(d) t=0.505s

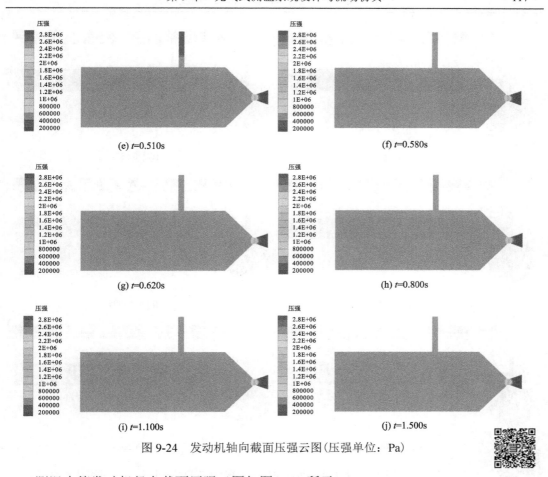

图 9-24　发动机轴向截面压强云图（压强单位：Pa）

测温火箭发动机径向截面压强云图如图 9-25 所示。

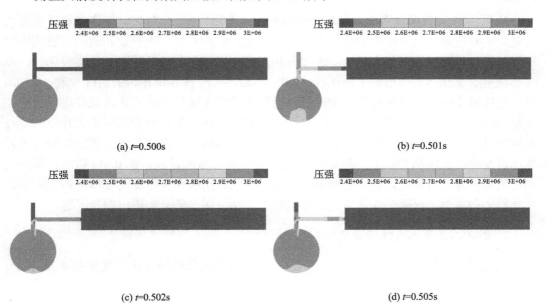

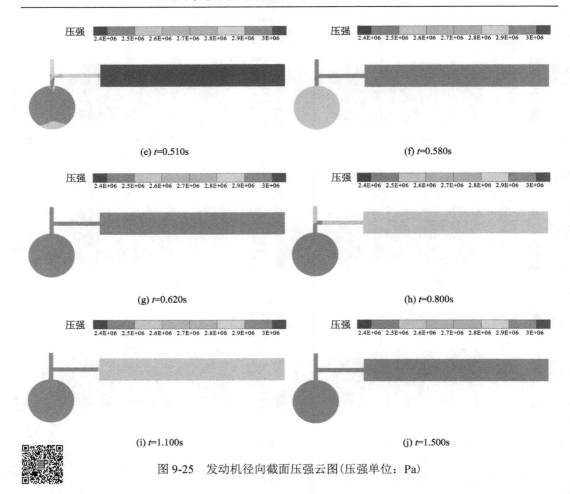

(e) *t*=0.510s   (f) *t*=0.580s

(g) *t*=0.620s   (h) *t*=0.800s

(i) *t*=1.100s   (j) *t*=1.500s

图 9-25　发动机径向截面压强云图(压强单位：Pa)

从图 9-25 可以明显看出发动机径向截面压强变化情况。0.5s 时，燃烧室和透明窗通孔之间没有连通，燃气压强明显低于保护气压强。0.501s 时，连接管和透明窗通孔中的压强降低，说明有保护气在流出，连接管和透明窗通孔相贯处的压强变化比较剧烈，而在燃烧室底部壳体附近出现了高压区，和图 9-23 中 P_4 曲线所描述的情况一致；0.502s 时，连接管中的保护气压强进一步降低，而靠近透明窗玻璃的通孔内压强却出现回升，说明有保护气流入透明窗玻璃前端的通孔中。0.505s 时，连接管和透明窗通孔中的压强继续降低，燃烧室底部的高压区范围进一步扩大。0.51s 时，储箱与连接管交界处的压强也出现变化，说明从开始工作到 0.51s，是一个不断充气的过程；在 0.51s 以后，保护气和燃气的压强比较接近，燃烧室和储箱存在一个气体压缩和反压缩的过程，到 1.5s 时，发动机径向截面的压强分布基本达到平衡状态，从云图已经分辨不出明显区别。

2. 工况二发动机内流场温度分布规律

在工况二的情况下，监测点 P_1、P_2、P_3、P_4 处温度随时间变化曲线如图 9-26 所示。

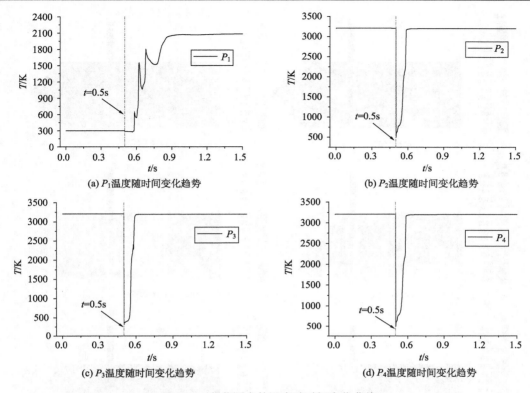

图 9-26　各监测点的温度随时间变化曲线

图 9-26 反映了各监测点的温度随时间变化规律，虚线表示 0.5s 时燃烧室中开始充入保护气。在 0.58s 内，P_1 温度都维持在 298K 左右，之后，由于燃气和保护气之间的热交换作用，P_1 温度总体上在不断升高，从 0.9s 起，开始维持在 2060K 左右；P_2、P_3 和 P_4 处温度变化趋势基本一致，燃烧室开始充入保护气后，三点处的温度迅速降低，然后随着时间变化逐渐升高，最终又维持在 3200K。

为了更直观展现燃烧室和透明窗通孔中温度变化趋势，图 9-27 中给出了更多时刻的温度云图。

从图 9-27 中可知，0.5s 时，发动机内流场处于平衡状态，透明窗通孔和燃烧室之间没有连通，透明窗通孔中保护气的温度稳定在设置的 298K。

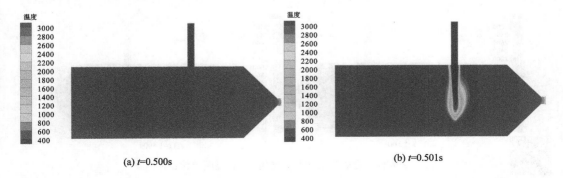

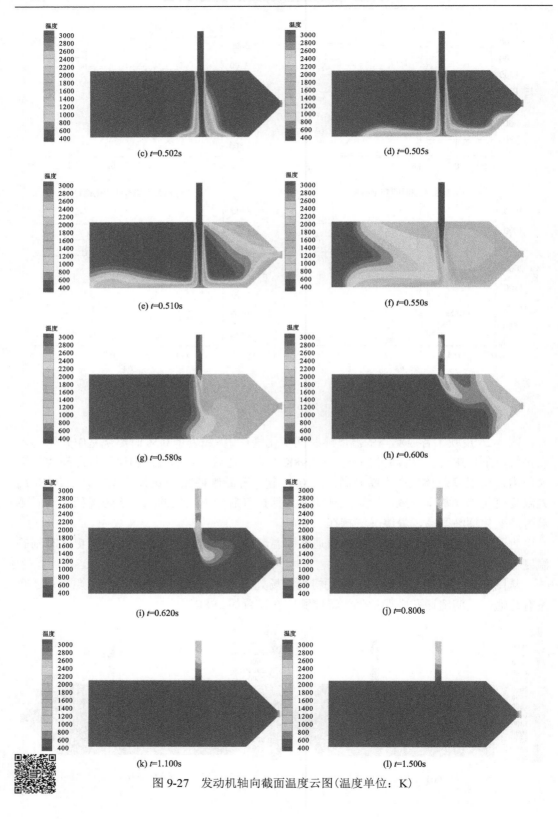

图 9-27　发动机轴向截面温度云图(温度单位：K)

0.501s 和 0.502s 时，保护气从透明窗通孔流入燃烧室，呈现"射流"状态，保护气和燃气之间形成了比较明显的温度梯度变化，保护气在到达燃烧室壳体底部后开始扩散。

0.505s 和 0.51s 时，保护气沿着壳体壁向燃烧室入口和喷管两个方向扩散，从 0.51s 时刻的流动状态可以看出，保护气的扩散使燃气入口出现"回流"现象，在喷管处，保护气显著影响了喷管附近温度场。

0.55～0.62s，随着保护气的减少、燃气的增加，在燃气流的带动下，保护气逐渐向喷管扩散，燃烧室内的温度开始回升，受燃气热传递的影响，透明窗通孔中的保护气温度也在升高。至 0.8s 时，燃气已经完全充满燃烧室，并且扩散进入透明窗通孔中。1.1s 和 1.5s 时，基本维持相对平衡状态，而在热传递作用下，透明窗玻璃前端的温度缓慢升高，1.5s 时达到 2060K 左右。

图 9-28 是测温火箭发动机径向截面温度云图。

从图中可以看出，0.5～0.62s，保护气在燃烧室中沿着壁面流动扩散，甚至影响整个径向截面，这段时间保护气明显影响着发动机的内流场。0.6s 和 0.62s 时刻，通孔中出现了"中间温度低、两端温度高"的现象，对于这种情况的解释和工况一类似：随着保护气减少，燃气进入通孔，燃气和保护气在通孔中存在压缩、反压缩的过程，从而出现这种现象。透明窗玻璃前端通孔中的保护气，在和燃气的热交换中温度升高比较明显。

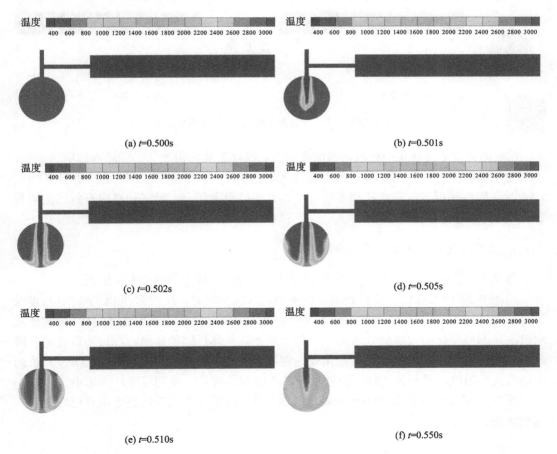

(a) t=0.500s

(b) t=0.501s

(c) t=0.502s

(d) t=0.505s

(e) t=0.510s

(f) t=0.550s

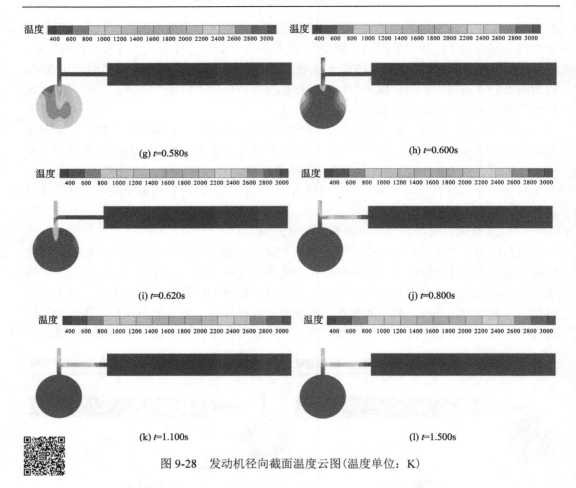

(g) t=0.580s　　　　　　　　　　　(h) t=0.600s

(i) t=0.620s　　　　　　　　　　　(j) t=0.800s

(k) t=1.100s　　　　　　　　　　　(l) t=1.500s

图 9-28　发动机径向截面温度云图(温度单位：K)

0.8s 时，透明窗通孔中高温区域面积很大，很直观地说明燃气已经进入透明窗通孔，不断地压缩保护气。而在 0.8s 之后，高温区域面积减少，说明保护气反过来挤压燃气。1.5s 时，燃气和保护气在通孔和连接管交界处保持平衡状态，燃气一直没有到达透明窗通孔顶端(即透明窗玻璃端面)。

3. 工况二发动机内流场速度分布规律

图 9-29 反映了 P_1 和 P_2 处 Y 方向(即透明窗通孔轴向)上的速度变化情况。

由图 9-29 可以看出，在开始向燃烧室中充入保护气时，P_1 处速度迅速降低(与虚线重合)，但很快上升，此后一直保持 Y 方向正向的速度，直至回归到速度为 0，说明在发动机流场剧烈变化的大部分时间里，P_1 处一直受到气体压缩的作用，在透明窗玻璃前段形成了稳定的气垫。P_2 处的速度变化较为剧烈，先是受到保护气的影响，在 Y 方向负向出现很大的速度，然后速度在正负波动，随着时间的变化，波动幅度越来越小。

图 9-30 是测温火箭发动机径向截面速度云图，从图中可以看出整个充气过程气体的流动状态。

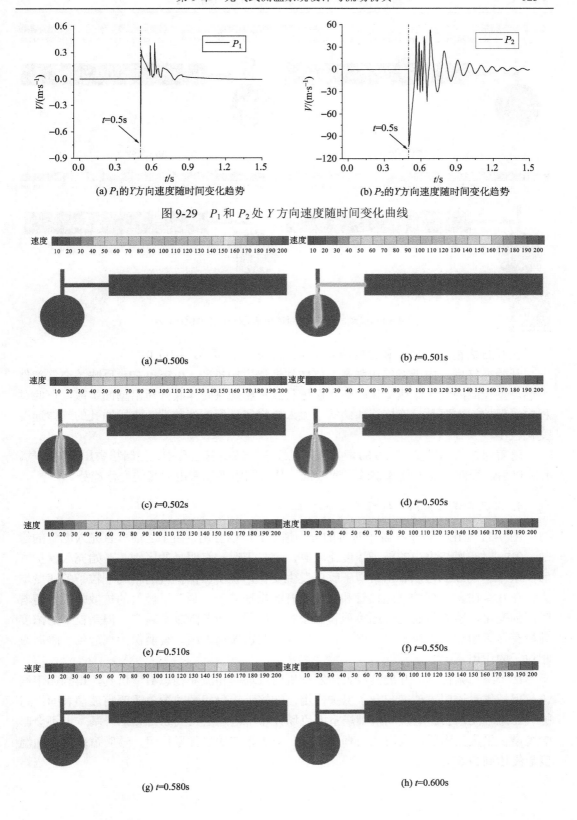

(a) P_1 的 Y 方向速度随时间变化趋势　　　　(b) P_2 的 Y 方向速度随时间变化趋势

图 9-29　P_1 和 P_2 处 Y 方向速度随时间变化曲线

(a) t=0.500s　　　　　　　　　　　　(b) t=0.501s

(c) t=0.502s　　　　　　　　　　　　(d) t=0.505s

(e) t=0.510s　　　　　　　　　　　　(f) t=0.550s

(g) t=0.580s　　　　　　　　　　　　(h) t=0.600s

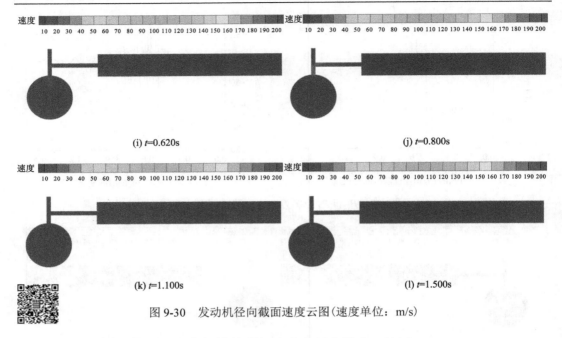

(i) *t*=0.620s　　　　　　　　　　　　　　(j) *t*=0.800s

(k) *t*=1.100s　　　　　　　　　　　　　　(l) *t*=1.500s

图 9-30　发动机径向截面速度云图（速度单位：m/s）

在 0.5s 之前，燃烧室和充气储箱中气流速度都非常小，接近 0。

开始充气后，由于充气压强高，气体往燃烧室中扩散，0.5~0.62s 反映了充气条件下燃烧室径面的气体流速变化趋势，保护气到达燃烧室壳体底部后沿壁面扩散，在此过程中，保护气主要是从连接管和储箱中流入燃烧室，而玻璃前端一小段通孔的气体速度变化很小。

随着保护气的减少，在 0.8s 时，燃气已经进入透明窗通孔中，往储箱中压缩保护气。1.1s 以后，径向截面上气体整体流速很低，从云图中不能看出明显的变化趋势。

4. 工况二发动机内流场粒子分布规律

图 9-31 给出了粒子在各个时刻的分布情况。可以看出，由于之前一直充入燃气的缘故，0.5s 时，燃烧室中的粒子浓度比较高，这与工况一有明显的区别。开始充入保护气后，从 0.5~0.62s 可以看出，粒子颜色发生变化，说明在保护气的带动下粒子的速度增大。在 0.8s 时刻，保护气连接管和储箱中开始出现粒子，说明了燃气的扩散效果，随着时间的变化，透明窗通孔、连接管和储箱中的粒子分布范围越来越广，但是粒子的浓度并没有显著增加，而粒子也一直没有扩散到透明窗玻璃表面，说明保护气起到了隔离凝相粒子的作用。

在工况二条件下，开展测温火箭发动机内流场两相流非稳态数值仿真，得到如下结论：保护气对透明窗玻璃起到了保护作用，能够阻止凝相颗粒覆盖透明窗玻璃表面；保护气在短时间内会影响发动机燃烧室内流场分布，但是在充气 0.1s 以后，基本上不会影响光谱仪采集光谱通道内燃气的真实温度；由于燃气的热传导作用，透明窗玻璃表面温度最终达到 2060K 左右。

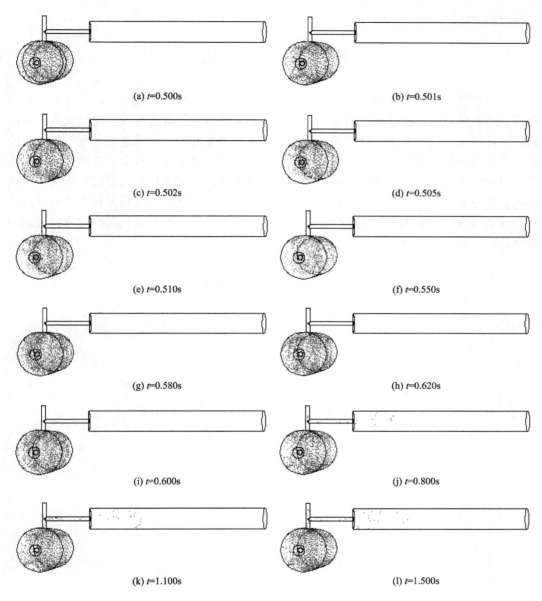

图 9-31　发动机内凝相粒子的分布情况

通过开展工况一和工况二条件下发动机内流场非稳态两相流数值仿真，发现在两种工况下发动机流场整体变化趋势基本一致，但是流场的状态分布存在着显著的差异：在向燃烧室中充入保护气 1s 后，透明窗玻璃表面的温度不尽相同，工况一下的温度接近2800K，而工况二下的温度却不到 2100K，实验系统所采用的是蓝宝石玻璃，其熔点是2318K，显然工况一不符合实际工作情况；两种工况下透明窗玻璃前端的通孔中都形成了保护气垫；相比于工况一，工况二下，由于燃气的存在，保护气充入燃烧室时背压较高，发动机内流场更稳定，各参数的变化更为缓和，充气结束后发动机内流场达到稳定状态所需时间短。

9.4　本　章　小　结

本章主要开展充气式测温火箭发动机燃气温度测试系统的详细设计，在非充气测温火箭发动机燃气温度测试系统的基础上，对火箭发动机进行改进形成了充气式火箭发动机，另外增加了充气系统。针对所设计的充气式火箭发动机，本章建立了充气条件下的测温火箭发动机数值仿真模型，开展了不同工况下测温火箭发动机非稳态两相流数值仿真，得到如下结论：在一定时间内，向测温火箭发动机中充入保护气会影响燃烧室内流场的温度分布，但是在充气 0.1s 后，保护气已经不会影响光谱仪数据采集光谱通道内燃气的真实温度；发动机先点火工作、再充入保护气的方式，能够达到保护透明窗玻璃的效果。

第10章 热电偶测温系统

为真实反映火箭发动机燃烧室燃气温度，需同时用热电偶接触式测温方法和光谱辐射非接触式测温方法对特定发动机推进剂燃烧温度进行测量并对比，由于火箭发动机内测量环境复杂，选择测量范围大、响应速度快的热电偶非常重要，本书选择量程较大的钨铼热电偶。

10.1 热电偶测温原理与选用

10.1.1 热电偶测温原理

1. 热电偶的结构

热电偶是通过把两根不同的导体或半导体材料 A 和 B 的一端焊接起来而形成的，A、B 就称为热电极(或热电偶丝)。焊接起来的一端置于被测温度 t 处，称为热电偶的热端(或称测量端、工作端)；非焊接端称为冷端(或参考端、自由端)，冷端则置于被测对象之外温度为 t_0 的环境中。把热电偶的两个冷端也连接起来则形成一个闭合回路，当热端温度和冷端温度不等，即 $t \neq t_0$ 时，回路中有电流流过，这说明回路中产生了电动势，热电偶就是利用热电效应来测量温度的。

2. 热电偶回路的基本定律

(1)均质回路定律：由一种均质导体组成的闭合回路，不论导体的截面和长度如何以及各处的温度分布如何，都不能产生热电势。由均质导体组成的闭合回路，在回路中由于材料相同，两热电极热电势大小相等，方向相反，回路中总热电势为零，即两接点处接触电势为零。利用这一定律，可以用来检查两根金属是否是相同材料，或检验一种材料的纯度；也可检查合金材料在其各段上的均匀性如何，用于测量热电极的均匀性。

(2)中间金属定律：用热电偶测温时，测量回路必须使用连接导线将热电偶的信号接入测量仪表，在热电偶测量回路中，只要中间导体两端温度相同，那么接入中间导体后，对热电偶回路的总热电势没有影响。

该定律的应用：热电偶回路中接入测量仪表和连接导线时，只要保持两端接点的温度相同，而不论连接点采用的是熔焊或其他方法来制成接点，都不影响热电偶回路热电势大小。

(3)连接导体定律与中间温度定律：在连接导体接入热电偶测量回路后，总的热电势是测量点的电势值和参考点的电势值之和。

该定律的应用：在实际测量中，热电偶的测量端是在测量物处，而参考端也往往在被测物体附近，参考端温度的变化会给测量带来一定的误差，因此必须将参考端温度维持恒定。或者在参考端处接入热电偶的补偿导线，把参考端远离被测物体，使其温度稳定，不随被测物体的温度而变化。

(4) 参考电极定律：如果将热电极 C (一般为纯铂丝) 作为参考电极 (也称为标准电极)，根据已知的参考电极与各种热电极配对时在温度 T 时的热电势，就可计算任意处两种热电极 A 和 B 配对后在温度 T 时的热电势，即

$$E_{AB}(T, T_0) = E_{AC}(T, T_0) - E_{BC}(T, T_0)$$

参考电极的使用大大简化了热电偶的选配工作，只要获得有关热电极与标准铂电极配对的热电势，那么任何两种热电极配对时的热电势便可由上式求得，而不需逐个测定。

10.1.2　热电偶选用原则

(1) 根据测温范围和测温精度要求，选择不同分度号的、适合精度等级要求的热电偶；

(2) 根据安装空间和安装固定方式，选择适合尺寸要求的、不同封装结构和形式的热电偶；

(3) 根据使用环境条件，选择不同耐久性及热响应性热电偶。

线径大的热电偶耐久性好，但响应较慢一些，对于热容量大的热电偶，响应就慢，测量梯度大的温度时，在温度控制的情况下，控温就差。要求响应时间快又要求有一定的耐久性，选择铠装热电偶比较合适。

(4) 根据测量对象的性质和状态选择不同热电偶，如运动物体、振动物体、高压容器的测温要求机械强度高，有化学污染的气氛要求有保护管，有电气干扰的情况下要求绝缘比较高。

10.1.3　发动机测温用钨铼热电偶的选用

由于固体火箭发动机燃烧室内燃气温度多分布在 1000～3500℃，选择测量范围大、响应速度快的热电偶非常重要。目前高温接触法测温多采用铂铑系热电偶，其优点为物理、化学稳定性好，耐热性、耐氧化、耐腐蚀性良好，具有较优越的精确度，且再现性良好，由于精度等级高，可以作为标准使用，一般用于准确度要求较高的高温测量。但铂铑热电偶短期工作温度最高 1600℃，长期工作温度一般为 1000～1300℃，如果工作温度超过它的温度上限，纯铂丝即使在空气中也有可能出现再结晶的现象，另外铂铑热电偶的热电动势值小，导致灵敏度较低，而且铂铑热电偶属于贵金属，价格比较高昂。

在高温热电偶中，难熔金属主要有钨铼系、钨钼系和铱钨系等。其中钨铼热电偶是 1931 年由 Goedecke (戈德克) 首先研制出来的，20 世纪 60～70 年代得以发展，它的最高使用温度可达到 2300℃，属难熔金属热电偶。贵金属热电偶价格昂贵且最高温度也只能到 1600℃，而钨铼热电偶不仅测温上限高，而且稳定性好，在高温测量领域是铂铑热电偶理想的替代品。因此，钨铼热电偶在冶金、建材、航天、航空及核能等行业都得到广泛应用。

相对于铂铑热电偶，钨铼热电偶具有以下优点。

1)耐高温

钨铼熔点高，短期使用最高温度可达 2600℃，但是受加工工艺和绝缘保护材料的限制，使用温度最好不超过 2000℃。

2)电势值大

钨铼热电偶的电势值与双铂铑热电偶电势值相比较约大两倍，1400℃时钨铼电势值为 25.875mV，双铂铑只有 8.952mV。

3)准确、重复性较好

钨铼热电偶精度可以达到 1 级，实现了统一分度，根据发动机测温精度要求钨铼热电偶满足测量要求。

4)可在还原性气体中长期使用

钨铼热电偶在 H_2、CO 以及惰性气体中能长期可靠使用(还原性气体对钨铼起保护作用)。已有的研究与应用也表明钨铼热电偶在还原性气氛、惰性气氛及真空等环境中可取得令人满意的效果。在材料的惰性方面，钨铼热电偶惰性比铂铑热电偶大，对发动机固体推进剂燃烧化学反应不起催化作用。

5)响应速度快

相同直径的钨铼丝和铂铑丝，在机械强度方面钨铼丝要大许多，因此降低钨铼丝直径可以提高热电偶热响应时间，适合发动机燃烧测试，可实现快速响应。

6)价格低廉

钨铼热电偶价格与双铂铑相比较低 4～5 倍。

钨铼热电偶的缺点主要有以下两点。

(1)钨铼丝脆，韧性差，热点焊接完成穿瓷管时容易折断，开焊。

(2)钨铼丝在氧化性气体中使用极易氧化，造成热电性能改变。

根据固体火箭发动机燃气测温范围和测温精度要求，综合钨铼热电偶熔点高、热电势高、响应速度快、价格低等特点，本书选择量程高、响应速度快的 C 型钨铼热电偶(WRe5-WRe26)。

10.2　钨铼热电偶测温系统组成

钨铼热电偶测温系统主要由钨铼热电偶传感器、热电偶信号采集处理器、上位机及数据处理软件等组成，其作用是安装在固体火箭发动机腔体内，直接获取被测推进剂燃气温度数据，与多波长光谱采集系统的结果进行对比。

10.2.1　系统组成原理

钨铼热电偶测温系统主要由钨铼热电偶传感器(含补偿导线)、热电偶信号采集处理器(四通道)、上位机(含数据处理软件)组成，产品实物图如图 10-1 所示，其组成原理如图 10-2 所示。

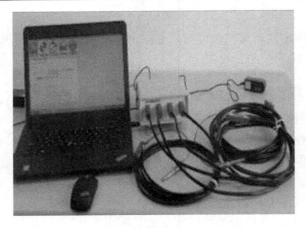

图 10-1　热电偶测温系统实物

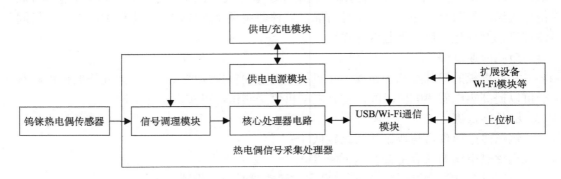

图 10-2　钨铼热电偶测温系统组成原理图

　　其中热电偶信号采集处理器由供电电源模块、信号调理模块、核心处理器电路与 USB/Wi-Fi 通信模块组成，信号采集处理器采用可充电锂电池供电，以减小外接电源对模拟电路的干扰影响，为了最大限度地降低功耗电源模块采用 LDO 转换电路提供整个信号调理电路所需的工作电源。钨铼热电偶信号经信号调理电路进行滤波降噪处理，由核心处理器完成数字量化处理，经通信模块 USB 接口或 Wi-Fi 模块发往上位机。

10.2.2　钨铼热电偶传感器

　　1. 钨铼热电偶技术指标

　　根据固体火箭发动机燃气测温范围和测温精度要求，选择的钨铼热电偶为 C 型钨铼 5-钨铼 26，分度号为 WRe5-WRe26，其标准号为 ZB-N05003-1988，数据与 ASTM 颁布的 E988-84 标准相同。该型号钨铼热电偶温度测量范围可到 2320℃，热稳定性较好，缺点是在氧化性气氛中高温易氧化，发动机燃气测试不能重复使用，必须在真空环境下进行检定和校准。

　　钨铼 5-钨铼 26 热电偶技术指标如下。

　　(1)合金组成：正极名义成分钨 95%铼 5%，负极名义成分为钨 74%铼 26%；

(2) 最大有用温度范围：0～2320℃；

(3) 热电动势输出：0～37.066MV；

(4) 误差：4.5℃（425℃以下），1%（425～2320℃）；

(5) 热响应时间：小于 100ms。

钨铼热电偶传感器工作在固体火箭发动机腔体内，项目要求工作量程 2000℃以上，热响应时间快（小于 100ms），抗振耐冲击（不低于 4MPa），为了保证热电偶可靠、稳定地工作，对其结构要求如下。

(1) 组成热电偶的两个热电极焊接必须牢靠；

(2) 两个热电极彼此之间应很好地绝缘，以防短路；

(3) 补偿导线与热电偶自由端的连接要方便可靠；

(4) 保护套管应能保证热电极与有害介质分隔开。

为适合发动机测温，热电偶测头由两根钨铼合金丝焊接而成，其中一根是WRe5（W95%，Re5%）合金丝，为正极，另一根是 WRe26（W74%，Re26%）合金丝，为负极。采用先铰接再氩弧焊的方式保证钨铼丝的正负热电极连接牢固，避免断裂开焊，同时测温偶丝分别穿瓷管绝缘保护，再用高温隔热胶黏结固定在保护支撑管壳体中，热电偶测头伸出壳体端面 3mm，钨铼热电偶通过保护支撑管壳螺纹接口安装在发动机壳体上。热电偶的尺寸及实物如图 10-3 所示。

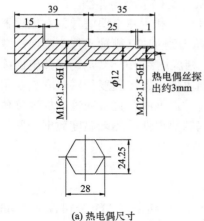
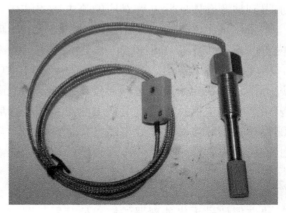

(a) 热电偶尺寸　　　　　　　　　(b) 热电偶实物

图 10-3　热电偶的尺寸及实物

热电偶测温过程实际上是热电偶与被测介质间热交换过程，需要一定的时间达到热平衡，为保证热响应时间快，应当选择时间常数小的热电偶丝，时间常数与传热系数成反比，与热电偶热端的直径、材料的密度及比热成正比，若要减小时间常数，除增加传热系数以外，最有效的办法是减小热端的尺寸，所以尽量选用直径小的钨铼丝，并且热电偶测量端直接工作在发动机中，不通过其他介质传导。但钨铼偶丝过细强度不够，会带来抗振动冲击能力不足问题，易损坏，综合考虑灵敏度和强度，确定选用直径为 0.12mm的钨铼合金丝满足热响应时间不大于 100ms 的要求。

2. 钨铼热电偶冷端补偿

测温的目的是测得以 0℃为基准的测量端即热端温度，而热电偶输出热电势反映的是相对于冷端温度的热端温度，只有将冷端置于冰水混合液中，才能使冷端温度不受环境温度的影响始终保持 0℃，此时热电势对应于标准分度表的温度才是测量点即热端的温度。所以热电偶测温过程中需要进行冷端补偿。

热电偶的冷端补偿方法较多，主要有补偿导线法、冷端恒温法、冷端温度校正法等。补偿导线法和冷端恒温法一般将冷端温度保持在 0℃，一般在实验室测试使用，在实际工程应用中受条件限制实际使用现场难以实现，多采用冷端温度校正法。冷端温度校正法利用热敏电阻、铂电阻或温度传感器直接测得热电偶的冷端温度，进而实现对热电偶的测温补偿。其补偿原理如下。

设热电偶的冷端温度不为 0℃，但稳定于 T_0，因此热电偶的输出表征的是热端温度 T 相对于冷端温度 T_0 的热电势，记为 $E(T, T_0)$。根据中间温度定律被测介质实际温度（相对冷端温度为 0℃），对应的输出热电势 $E(T, 0)$ 满足

$$E(T,0) = E(T,T_0) + E(T_0,0)$$

式中，$E(T_0,0)$ 是热电偶在温度为 T_0 条件下相对冷端温度 0℃时产生的热电势。该值可根据热敏电阻等测得的冷端温度查标准分度表得到，然后与热电偶的输出热电势 $E(T,T_0)$ 相加得到被测介质实际温度对应的热电势 $E(T,0)$，从而实现了冷端补偿。

本系统采用冷端温度校正法用于热电偶的冷端补偿。利用热电偶信号采集处理器板内内置的温度传感器 DS18B20 作为钨铼热电偶冷端温度的独立测量元件，实现冷端补偿，精度高且易于实现，其测温范围为–55～125℃，精度达到±0.5℃。钨铼热电偶冷端通过补偿延长线与采集处理器连接，远离发动机高温工作位置，温度传感器安装在采集仪表中，当热电偶冷端温度近似于测温系统运行环境的温度时，直接通过内部温度传感器测得稳定的环境温度，经电路量化、处理后，与钨铼热电偶的热端温度数据一并传输到上位机，由软件进行上述冷端补偿的运算处理。

10.2.3　热电偶信号采集处理器

热电偶信号采集处理器的核心处理器如图10-4所示，电路采用 ADI 公司 ADUCM360（32 位 ARM Cortex M3 MCU），是完全继承 3.9kSPS、24 位的数据采集系统，集成了双核高性能多通道Sigma-Delta模数转换器（ADC）、32 位 ARM Cortex-M3 处理器和Flash/EE存储器。微控制器内核为低功耗 ARM Cortex-M3 处理器，它是一个 32 位 RISC 机器，峰值性能最高可达 20 MIPS。Cortex-M3 处理器集成灵活的 11 通道 DMA 控制器，支持全部有线通信外设（SPI、UART、I2C），Wi-Fi 通信采用 UART1 通道。模拟电路由双通道 ADC 组成，每个 ADC 均连接到一个灵活的输入多路复用器。两个 ADC 都可在全差分和单端模式下工作，钨铼热电偶采集系统利用了芯片 ADC 双通道可编程激励电流源、诊断电流源和偏置电压产生器 AVDD_REG/2（900mV）。

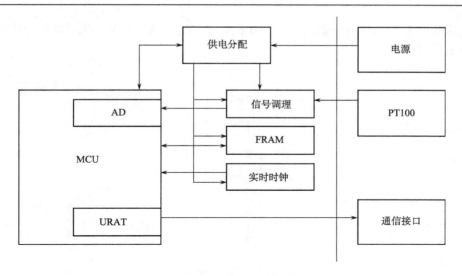

图 10-4　核心处理器电路原理图

ADUCM360 设计为与外部传感器直接相连，ADUCM360 自带一个片内 32kHz 振荡器和一个内部 16MHz 高频振荡器。高频振荡器通过一个可编程时钟分频器进行中继，最大内核时钟速度为 16MHz；该速度不局限于工作电压或温度，正常供电电压为 3.6～3.8V，本温度采集使用 2 路 24 位 Sigma-Delta ADC 采集器，实现多路温度采集。

信号调理电路提供 200μA 恒流源将温度传感器的电阻信号转换成电压信号然后经运放放大至 AD 有效输入范围。供电分配电路确保在 MCU 休眠状态时断掉其余的电路供给，存储器用于记录测量结果，实时时钟向 MCU 提供时钟信号及唤醒中断信号，通信接口实现与上位机通信功能。

10.2.4　钨铼热电偶测温系统软件

钨铼热电偶测温系统软件分为钨铼热电偶 ARM 嵌入式采集软件和上位机数据处理软件。

1. 钨铼热电偶 ARM 嵌入式采集软件

钨铼热电偶 ARM 嵌入式采集软件基于 ADI 公司的 Aducm360 硬件平台，软件功能如图 10-5 所示，软件流程如图 10-6 所示。

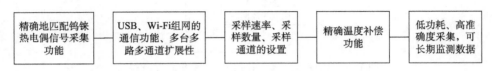

图 10-5　钨铼热电偶 ARM 嵌入式采集软件功能图

热电偶信号采集处理器可实现四路钨铼热电偶传感器信号和一路冷端补偿温度信号的采集，采样速率设定可调，最低 8ms，经调理电路将温度信号转换为电压，由核心处理器完成数字量化处理，经通信模块 USB 接口或 Wi-Fi 模块将发动机燃温信号实时发送到上位机运算处理。

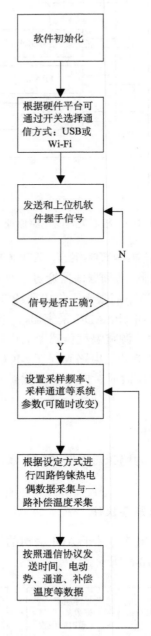

图 10-6　钨铼热电偶 ARM 嵌入式采集软件流程图

2. 钨铼热电偶测温系统上位机软件

钨铼热电偶测温系统上位机数据处理软件平台为 VS2008，操作系统 Windows 7。

上位机数据处理软件作用将 USB 接口或 Wi-Fi 模块接收到的发动机燃温信号和热电偶冷端补偿温度信号进行非线性处理,转换为温度值显示并保存。软件功能如图 10-7 所示,软件流程如图 10-8 所示。

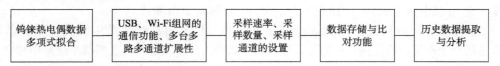

图 10-7 热电偶测温系统上位机数据处理软件功能图

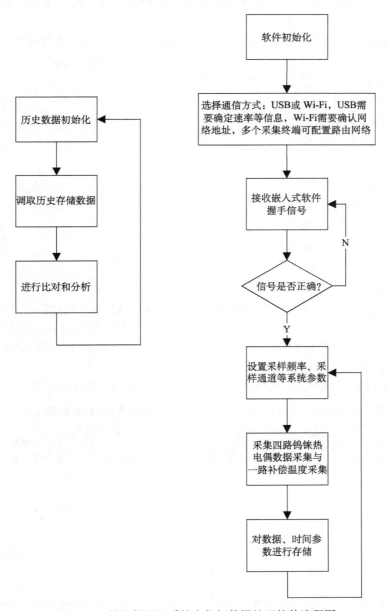

图 10-8 热电偶测温系统上位机数据处理软件流程图

由于钨铼热电偶输出热电势信号呈现较为明显的非线性，需通过软件进行非线性校正。常用的热电偶输出信号非线性校正方法有查表法、直线拟合法和多项式拟合法等。

(1)查表法：将查找表存储到内存中，查找表中每一组热电偶电压与其对应温度相对匹配，使用表中两个最接近点间的线性插值来获得其他温度值。

(2)直线拟合法：选择整个曲线阶段比较平缓的一部分，并在此区域内将斜率近似为线性。该方法适合于有限温度范围内的测量，要求热电偶输出在较大范围内递增斜率保持相对恒定。

(3)多项式拟合法：使用高阶等式来对热电偶的特性进行建模。这种方法计算量大、校正精度高，充分利用计算机性能将热电偶电压转换成温度，此方法得到的温度最接近实际值，本系统热电偶非线性校正方法就是采用此方法。

本系统采用9次多项式拟合钨铼热电偶 WRe5-WRe26。拟合的公式如下：

$$T = a_0 + a_1x + a_2x^2 + a_3x^3 + a_4x^4 + a_5x^5 + a_6x^6 + a_7x^7 + a_8x^8 + a_9x^9$$

式中，T 是温度，℃；x 是钨铼热电偶热电势，mV。

$a_0 = 1.08640 \times 10^1$

$a_1 = 6.36789 \times 10^1$

$a_2 = -1.07128 \times 10^0$

$a_3 = 2.67514 \times 10^{-2}$

$a_4 = 3.43095 \times 10^{-4}$

$a_5 = -5.16495 \times 10^{-6}$

$a_6 = -1.97178 \times 10^{-7}$

$a_7 = -1.69893 \times 10^{-9}$

$a_8 = 4.36786 \times 10^{-11}$

$a_9 = 2.15919 \times 10^{-12}$

上式仅拟合正温段，拟合的精度在小于50℃时偏差较大，当温度在50～1800℃，偏差为2℃左右，温度大于1800℃以上时，偏差为1℃左右，全程拟合方差为1.534075，相关系数为0.999716，满足采集任务数据要求，能够保证非线性处理的精度，满足钨铼热电偶的非线性修正需求。

钨铼热电偶测温系统上位机软件工作示意图如图10-9～图10-16所示。

图10-9　钨铼热电偶采集系统通信方式选择　　图10-10　钨铼热电偶采集系统通信方式选择(USB)

图 10-11　钨铼热电偶采集系统通信方式选择(Wi-Fi)　图 10-12　钨铼热电偶采样频率及多项式集合

图 10-13　钨铼热电偶采样频率设置　　　图 10-14　钨铼热电偶系统采集记录

图 10-15　钨铼热电偶系统采集数据保存　　图 10-16　钨铼热电偶系统数据处理

10.3　钨铼热电偶校准

按照工业热电偶技术条件(JB/T9238—1999)，该标准要求的允差只适用于可拆卸的工业热电偶，由于发动机测温用钨铼热电偶丝进行防氧化绝缘密封处理，涂覆隔热高温胶防护后，热电偶丝无法从保护管取出，发动机钨铼热电偶不满足实验室校准条件，因此钨铼热电偶校准采用同材质、同批次、相同加工方法未封装的裸钨铼偶丝进行校准。为了保证发动机钨铼热电偶测温的准确性，需要对钨铼热电偶分为 300～1500℃和1500～2300℃不同温度段进行校准。

10.3.1　300～1500℃钨铼热电偶校准

钨铼热电偶 300～1500℃校准方法是将钨铼热电偶与标准铂铑热电偶进行比较。参照 JJG141－2013《工作用贵金属热电偶》、JJF1176－2007《(0～1500)℃钨铼热电偶校准规范》进行，由于标准铂铑 10 铂热电偶量值传递的温度范围为 300～1100℃，标准铂铑 30 铂铑 6 热电偶量值传递的温度范围为 1100～1500℃，所以在 300～1500℃的温度范围内需要用上述两种标准器进行校准。

由于钨铼热电偶极易氧化，所以校准装置中必须充分考虑热电偶在高温下所处的气氛。校准装置主要由高温炉、真空装置、充气装置、水冷系统、数据采集系统、温度控制系统等部分组成。原理框图如图 10-17 所示。

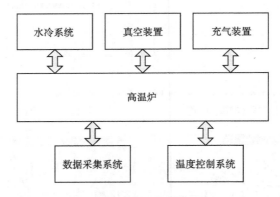

图 10-17　校准原理框图

高温炉必须采用钨管炉，防止钨或钨铼在含碳气氛中容易氧化生成稳定的碳化物，降低灵敏度并引起脆断，若有氢气存在，会加速碳化。为防止炉内主要构件和被校准钨铼热电偶的氧化，分度需要在真空或在惰性气体的保护下进行，首先采用机械真空泵先抽真空，真空度一般维持在 1300Pa，再充入氩气进行保护。为了保证标准铂铑 10 铂热电偶和标准铂铑 30 铂铑 6 热电偶在分度过程中不被污染，采用无缝盲端刚玉管作为标准热电偶的保护管，保护管口部进行密封，防止铂铑系的热电偶在还原性气氛中变脆。被检钨铼偶和标准偶校准时插入高温炉位置应靠近，插入深度应一致，冷端置入 0℃冰杯中。

数据采集系统采用 HP34401A 数字多用表，有效位数为 6 位半，精度满足使用要求。温度控制部分采用红外测温仪进行控温。300～1100℃的温度段标准器选用一等标准铂铑 10 铂热电偶，1100～1500℃温度段，标准器选用二等标准铂铑 30 铂铑 6 热电偶。

10.3.2 1500～2300℃钨铼热电偶校准

对于 1500℃以上高温热电偶的校准国内目前还没有相关的标准或规范，对钨铼热电偶 1500～2300℃温度段的校准参考中航工业北京长城计量测试技术研究所《1500～2300℃钨铼热电偶校准规范》（申报稿）进行。

1500℃以上高温热电偶的校准方法采用比较法进行，不同的是以标准光电高温计作为标准器。

1500～2300℃温度段校准的原理框图同 300～1500℃温度段校准，如图 10-17 所示。主要装置仍由高温炉、真空装置、充气装置、水冷系统、数据采集系统、温度控制系统等部分组成。

装置的主体高温炉作热源，温度范围为 1500～3000℃黑体炉；水冷系统主要是对炉体、通电电极以及热电偶保护管等进行冷却；真空系统主要是对被检热电偶和发热体进行抽真空保护，考虑到热电偶在高温校准时材料的挥发，抽完真空后还需要进一步进行充氩气等惰性气体，保护被校热电偶；温度控制系统包括电源、控制用的光纤传感器、控温仪表等，完成对高温黑体炉的温度控制；数据采集系统包括被检热电偶、数据采集器、光电高温计以及计算机和采集软件。

光电高温计作为标准器，通过炉体内部的均匀温区使光电高温计感受到炉体中心区的温度，均匀温区的末端与被检热电偶的感温端接近在同一平面，被检热电偶通过数据采集器采集到热电偶的电势值，通过换算转成温度值，与标准光电高温计的标准温度值比较，得到热电偶的示值误差。

10.4 发动机钨铼热电偶测温系统的测量不确定度分析

发动机钨铼热电偶测温系统的测量不确定度主要来源于钨铼热电偶校准不确定度、热电偶信号采集器(含数据处理软件)不确定度、保护套管对热电偶敏感头温度的影响等。

10.4.1 钨铼热电偶校准不确定度分量 u_1

1. 300～1500℃钨铼热电偶引入的不确定度分析

参照 JJF1176—2007《(0～1500)℃钨铼热电偶校准规范》进行分段校准，由于温度越高，校准过程中引入的不确定度也越大，所以在 300～1100℃的温度段采用一等标准铂铑 10 铂热电偶作为标准器时，选 1100℃来进行不确定度评定比较有代表性。而在 1100～1500℃的温区采用二等标准铂铑 30 铂铑 6 热电偶作为标准器时，选定 1500℃温度点对不确定度加以评定。

根据中航工业北京长城计量测试技术研究所武建红等编写的《300～1500℃钨铼热电

偶校准结果不确定度分析》，对钨铼热电偶校准方法和校准过程引入的不确定度分量主要有标准器带来的影响、多次测量重复性、数据采集设备引入的影响、控温波动的影响以及刚玉保护管盲端内外温差的影响，钨铼热电偶不确定度分析结果见表10-1。

表 10-1　300～1500℃钨铼热电偶校准不确定度分析结果

序号	温度/℃	热电偶合成不确定度	热电偶合成扩展不确定度(k=2)	合成扩展的相对不确定度 U_1(k=2)
1	1100	0.88	1.8	0.16%
2	1500	1.48	3.0	0.2%

2. 1500～2300℃钨铼热电偶引入的不确定度分析

根据中航工业北京长城计量测试技术研究所刘丹英等编写的《高温钨铼热电偶校准分析》，用高温黑体炉和标准光电高温计对钨铼热电偶1500～2300℃校准，影响其校准结果的不确定度分量有以下几个方面。

（1）黑体发射率形成的不确定度分量 $u_{1.1}$；
（2）黑体空腔的等温误差形成的不确定度分量 $u_{1.2}$；
（3）黑体空腔的温场不稳定性形成的不确定度分量 $u_{1.3}$；
（4）标准光电高温计以及石英玻璃透光率引起的测量不确定度分量 $u_{1.4}$；
（5）人的主观条件与实验室客观条件引起的测量不确定度分量 $u_{1.5}$；
（6）电测系统测量不确定度分量 $u_{1.6}$；
（7）热电偶导热影响量不确定度分量 $u_{1.7}$；
（8）被检热电偶重复性不确定度分量 $u_{1.8}$。

通过对钨铼热电偶1500～2300℃校准过程和校准结果的分析，各影响分量中，黑体腔的发射率和标准器光电高温计引入的不确定分量占比较大，综合各个分量的具体值可得到钨铼热电偶1500～2300℃相对不确定度在0.6%以内。

钨铼热电偶测温系统测试发动机燃烧室腔体内燃气温度，为与多波长光谱采集系统的结果进行对比，主要对铝含量1%和铝含量9%两种推进剂燃烧温度数据进行多次重复测试，测温范围主要在1500～2300℃，平均温度分别为1650℃和2250℃，温度越高，钨铼热电偶的校准过程引入的不确定度也越大，因此给出钨铼热电偶1600℃和2300℃扩展不确定度(k=2)，见表10-2。

表 10-2　1500～2300℃钨铼热电偶校准不确定度分析结果

序号	温度/℃	热电偶扩展不确定度(k=2)	热电偶相对不确定度 U_1(k=2)
1	1600	9.6	0.6%
2	2300	13.8	0.6%

10.4.2　保护支撑套管对热电偶测头的导热影响 u_2

为适合发动机测温，准确反映发动机腔体内燃气温度，钨铼热电偶测量端直接工作在发动机中，测头处于发动机腔体中心位置，钨铼热电偶通过保护支撑管螺纹接口水平安装在发动机壳壁上，虽然测温偶丝通过瓷管和高温隔热胶与保护支撑管壳体隔开，但与发动机壳壁相连，露在发动机外，仍会形成接点附近的温度梯度，通过保护支撑管和发动机壳壁造成热损失，影响测量结果。

热电偶丝采用陶瓷保护套管和高温隔热胶与金属保护支撑管隔离，根据经验，金属保护支撑管壁厚为 1mm，在温度为 1500℃时的内外温差小于 3℃，按均匀分布考虑，则：

$$u_2(1500) = 3 / (2 \times \sqrt{3}) = 0.85(℃)$$

10.4.3　热电偶信号采集器测量不确定度分量 u_3

发动机钨铼热电偶测温系统中热电偶信号采集器（仪表部分），主要包括信号放大电路、A/D 转换电路以及信号处理显示软件，作用是采集钨铼热电偶输出的热电势值，经放大、滤波、转换成数字量，通过信号处理显示软件，按钨铼 5-钨铼 26 C 型分度表高阶多项式拟合显示相应温度值。热电偶信号采集器示值参照 JJG617—1996《数字温度指示调节仪检定规程》进行校准，采用特稳携式校验仪（输出范围 0～100mV，准确度等级 0.02级），调节校验仪模拟钨铼 5-钨铼 26 输出，通过热电偶端口接到仪表，输入稳定的热电电压值，得到的各校准温度点的标准偏差，见表 10-3。

表 10-3　钨铼热电偶信号采集器测量不确定度

序号	标称温度值/℃	对应标准热电势电压/mV	热电偶信号采集器显示温度/℃	测量不确定度/℃（概率为95%，包含因子 k=2）
1	200	3.089	199.79	0.2
2	800	14.494	802.04	0.2
3	1200	21.819	1202.27	0.2
4	1600	28.236	1603.79	0.2
5	2300	36.922	2304.50	0.2

表中测量不确定度是包含概率约为 95%，包含因子 k=2 时的扩展不确定度，即热电偶信号采集器引入的不确定度：$u_3 = 0.2℃$。

10.4.4　合成标准不确定度

综上所述，引入各不确定度分量的因素互不相关，发动机钨铼热电偶测量系统合成不确定度：

$$u_c = \sqrt{u_1^2 + u_2^2 + u_3^2} = 13.83$$

扩展不确定度：

$$U = k \times u_{\mathrm{c}} = 27.66, \quad k = 2$$

10.5 本章小结

　　本章主要介绍了热电偶测温原理与选用原则，并引出了发动机测温用的钨铼热电偶；之后详细介绍了不同量程钨铼热电偶的系统组成与校准方法；最后从热电偶本身、热电偶保护支撑套管、热电偶信号采集器和合成标准四个方面分析了钨铼热电偶测温系统的不确定度。

第 11 章 充气式火箭发动机燃烧室燃气温度测试

本章开展了三种不同配方推进剂的火箭发动机燃烧室燃气温度测试研究。首先，采用 CEA 软件计算推进剂的理论燃烧温度。其次，以第 9 章数值仿真结论为依据，制订火箭发动机燃烧室燃气温度测试实验方案。最后，通过多波长光谱仪实测温度数据和热电偶实测温度数据、理论计算温度数据之间的对比分析，研究评估多波长光谱辐射温度测试系统的准确性和可靠性。

11.1 推进剂理论燃烧温度计算

本实验用的复合推进剂有三种，分别命名为 F_1、F_2 和 F_3，配方如表 11-1 所示。

表 11-1 实验用推进剂配方

推进剂种类	HTPB/%	AP/%	黑索金/%	草酸铵/%	Al/%
F_1	22	65	10	3	
F_2	22	65	13		
F_3	14	75			11

计算条件如下：初始温度设为 25℃，喷管扩张面积 $A_e / A_t = 5.76$，燃烧室压强取自实验数据。计算结果如表 11-2 所示。

表 11-2 实验用推进剂理论燃烧温度

推进剂种类	燃烧室压强/MPa	理论燃气温度/℃
F_1	2.4	1601.3
F_2	1.4	1723.8
F_3	2.2	3013.1

11.2 燃气温度测试实验方案

第 9 章开展了测温火箭发动机内流场非稳态仿真，仿真结果表明在发动机工作稳定后充入保护气，对透明窗玻璃有很好的保护效果。依据这一结论，在第 9 章设计的火箭发动机燃气温度测试实验系统的基础上，制订了充气火箭发动机燃烧室燃气温度测试的实验方案。

实验方案的具体内容是：发动机点火工作前，在电磁阀 1 和电磁阀 2 之间充入高压氮气(充当保护气);发动机先点火工作,此时产生燃气受到透明窗堵头的阻挡,不能进入透明窗通孔中;随后打开电磁阀 2,高压氮气进入透明窗玻璃前端的通孔中,形成保护气垫;高压氮气会迅速冲开透明窗堵头进入燃烧室,此时光路畅通,光谱仪开始采集有效数据。开始充气阶段,透明窗通孔中充入的氮气压强高于燃烧室燃气压强,随着氮气不断进入燃烧室从喷管流出,压强也在逐渐降低,最终与燃烧室压强保持一致。在这一过程中,始终有一部分氮气被压缩在透明窗通孔中,这部分氮气的存在能够有效保证透明窗玻璃的干净,满足实验设计要求。

火箭发动机燃烧室燃气温度测试实验的具体操作步骤如下。

(1)装配发动机,安装压强传感器、热电偶、多波长光谱仪组件等。

(2)打开气瓶,调节减压阀至所需充气压强。

(3)打开电磁阀 1,保持电磁阀 2 关闭状态,管路充气。

(4)充气完成后,关闭电磁阀 1,关闭气瓶。

(5)数据采集系统和点火系统准备。

(6)发出操作指令。

①压强采集系统工作;

②光谱仪和热电偶采集系统工作;

③发动机先点火,后打开电磁阀 2。

(7)实验结束,拆卸发动机及相关测试设备,分析实验结果。

11.3　火箭发动机燃烧室燃气温度测试结果及分析

分别开展 F_1、F_2 和 F_3 三种不同配方推进剂的发动机燃烧室燃气温度测试实验,以氮气充当保护气,实验现场如图 11-1 所示。为了方便分析发动机工作状况,分别在发动机燃烧室和充气透明窗通孔处采集压强数据,压强传感器的安装位置如图 11-1 所示,压强传感器 1 采集的是燃烧室压强数据,在数据分析中表示为曲线 L_1。压强传感器 2 采集的是透明窗通孔处压强数据,反映的是透明窗通孔中氮气的压强变化,在数据分析中表示为曲线 L_2。光谱仪和热电偶的具体安装位置也如图 11-1 所示。

图 11-1　测温火箭发动机实验现场

11.3.1　F_1 推进剂发动机燃烧室燃气温度测试结果及分析

　　进行了两组 F_1 推进剂的发动机燃气温度测试实验，充入的氮气压强为 5MPa，喷管喉径为 6mm。实验后透明窗玻璃表面情况如图 11-2 所示。

　　发动机工作结束后，取下透明窗玻璃。从图 11-2 中可以看出，玻璃表面非常干净，基本没有推进剂残渣，说明测温光路畅通；玻璃表面中央有一个小黑点，分析原因可能是在发动机拆卸过程中玻璃表面附着了浮尘，这种情况不会对光谱仪采集燃气真实温度产生影响。

图 11-2　F_1 推进剂点火实验
后透明窗玻璃状况

　　两组实验中发动机工作状态一致。但由于电磁阀和透明窗、燃烧室之间有一定距离，打开电磁阀开始向透明窗充入保护气的过程中，气体流经弯曲管道存在压降损失，另外保护气在流动过程中有一定的速度，因此压力传感器所采集的保护气压强低于 5MPa。燃烧室的压强曲线 L_1 和透明窗通孔处的压强曲线 L_2 如图 11-3 所示。

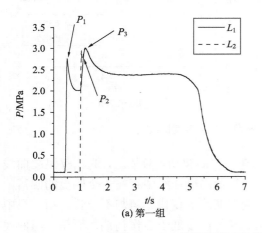

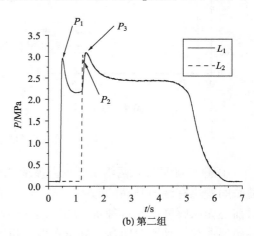

(a) 第一组　　　　　　　　　　　　(b) 第二组

图 11-3　F_1 推进剂发动机燃烧室和透明窗通孔的压强曲线

L_1-燃烧室压强时间曲线；L_2-透明窗通孔处压强时间曲线

　　从图 11-3 中可以看出，两组实验的压强曲线总体变化趋势基本一致。从发动机开始点火工作，曲线中有三个压强峰，如图 11-3 所标示的 P_1、P_2 和 P_3，P_1、P_2 和 P_3 形成原因分析如下。

　　P_1 代表点火压强峰，发动机刚开始工作阶段，点火药和部分推进剂燃烧产生大量气体，形成了第一个压强峰。

　　P_2 反映的是在透明窗通孔处的充气压强峰，充入的氮气在到达透明窗通孔后，被透明窗堵头短暂阻挡，由于氮气压强高于燃烧室燃气压强，堵头瞬时又被氮气冲入燃烧室，

在曲线 L_2 上表现为压强上升后有一个短暂微小的回落，从而形成了第二个压强峰。

P_3 代表透明窗通孔和燃烧室里氮气的最高压强峰，透明窗堵头被冲开后，由于氮气较多且压强较高，因此通孔处和燃烧室压强继续升高，压强达到最高时，形成第三个压强峰，随着氮气的减少，通孔处和燃烧室的压强逐渐降低，直到氮气和推进剂燃烧所产生的燃气达到动态平衡，并在发动机大部分工作时间里维持这一状态。

图 11-4 是光谱仪和热电偶所采集的温度数据曲线。热电偶采集的是整个发动机工作过程中燃烧室的燃气温度，而光谱仪由于实验系统和工作时序的原因，只能在透明窗通孔处的堵头被冲开后才能采集到燃烧室燃气温度，因此光谱仪采集的有效温度的时间范围不包括发动机点火过程和初始阶段推进剂燃烧过程。F_1 推进剂燃烧温度低导致燃气辐射光谱的能量较弱，光谱仪在进行数据采集时需要较长的积分时间。在实验中，积分时间设置为 0.3s，热电偶的采样频率为 0.008s。

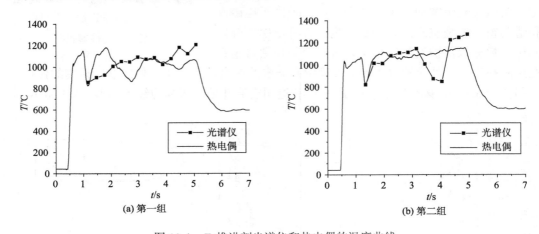

图 11-4 　F_1 推进剂光谱仪和热电偶的温度曲线

由图 11-4 可知，两组实验的温度曲线都存在一定的波动。整体上，光谱仪温度曲线随时间变化有逐渐升高的趋势，但是，在第二组光谱温度曲线中存在一个明显的回落，目前还无法解释出现这种状况的原因；热电偶温度曲线的变化趋势却不一致，第一组中热电偶曲线波动比较明显，并且在发动机工作后期的温度低于工作初期，而第二组曲线则保持相对的平稳。

多波长光谱辐射温度测试系统、热电偶温度测试系统和压强数据采集系统的采样频率不尽相同，采集时间起点也不完全一致。为了能够更好地说明测温发动机工作过程，也是为了更方便地分析实验数据，统一温度和压强数据的时间尺度，形成如图 11-5 所示的曲线。

图 11-5 很直观地说明了压强和温度之间的对应关系。对于热电偶而言，当点火药点燃产生的燃气引起热电偶温度升高；从 P_2 开始充入氮气后，热电偶温度明显迅速降低，最低温度点所对应的时间和燃烧室压强最高点（曲线 L_1 中 P_3 处的压强峰）的时间对应一致，如图 11-5 中 t_1 处虚线所示；从 P_3 之后，氮气逐渐减少，热电偶温度也开始回升。

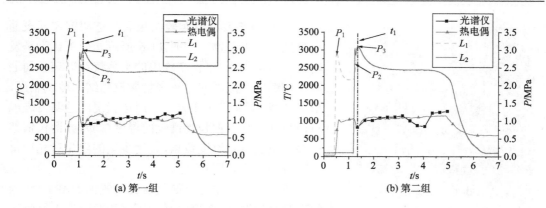

图 11-5　F_1 推进剂压强和温度的时间归一曲线

L_1-燃烧室压强时间曲线；L_2-透明窗通孔处压强时间曲线

对于光谱仪而言，P_2 之后，透明窗堵头被冲开，光谱仪才开始采集到燃气有效温度数据，此时，由于测温通道内氮气的影响，光谱仪采集的温度较低；P_3 之后氮气逐渐减少，光谱仪的整个测温通道内低温氮气和高温燃气共存，高温燃气所占比重越来越大，在达到平衡压强前，光谱仪所采集温度是个升高的过程，当燃烧室压强稳定后，光谱仪采集的温度波动不大。

光谱仪和热电偶的温度曲线说明：充入的常温氮气在短时间内会降低燃烧室内燃气温度，但是在充气压强和平衡压强达到平衡后，影响效果消失，和第 9 章数值仿真结果一致。

两组实验中，光谱仪和热电偶采集的燃气最高温度如表 11-3 所示。

表 11-3　F_1 推进剂光谱仪和热电偶采集的燃气最高温度

最高温度	第一组	第二组	平均值
光谱仪数据/℃	1206.0	1273.0	1239.5
热电偶数据/℃	1181.4	1153.2	1167.3

由表 11-3 可以看出，光谱仪采集的两组温度数据中，最高温度的平均值为 1239.5℃，最高温度相差 67℃；热电偶的温度数据中，最高温度平均值为 1167.3℃，最高温度相差 28.2℃。光谱仪中第一组温度数据的最高温度低于第二组，而在热电偶中结果却是相反，由于实验工况一致，造成这样结果的原因可能是测温设备的测量偏差所致。光谱仪两组数据的最高温度均高于热电偶实测值，分别高 24.6℃、119.8℃，但是与相同燃烧室压强下的理论计算温度(1601.3℃)相比，光谱仪实测平均最高温度低 22.6%，热电偶实测平均最高温度低 27.1%。

11.3.2　F_2 推进剂发动机燃烧室燃气温度测试结果及分析

进行了两组 F_2 推进剂燃烧室燃气温度测试实验，喷管喉径为 6mm，实验结束后透明窗玻璃情况如图 11-6 所示。

图 11-6　F_2 推进剂点火实验后
透明窗玻璃状况

F_2 推进剂发动机实验结束后，透明窗玻璃表面有少量黑色附着物，如图 11-6 所示。分析认为是发动机工作结束后，气相产物中的水蒸气在玻璃表面遇冷，使燃气中漂浮的凝相产物微粒黏结在玻璃表面，形成类似"薄膜"的形态。采用该状况的透明窗玻璃对白炽灯进行多波长光谱仪的温度校验，光谱仪依然能够采集到有效温度数据，说明少量的浮尘对光谱仪的精度基本没有影响。

第一组实验中充气氮气压强设置为 5MPa，实验结束后分析发现：燃烧室平衡压强相对于充入氮气压强偏低。因此，在第二组实验中氮气压强设置为 3.5MPa。两组实验的压强曲线如图 11-7 所示。

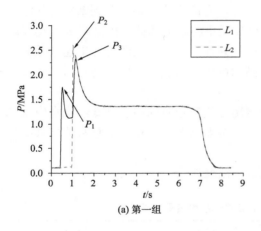

(a) 第一组

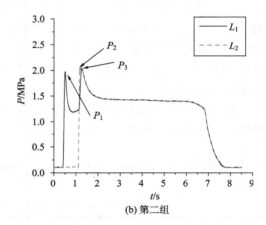

(b) 第二组

图 11-7　F_2 推进剂发动机燃烧室和透明窗通孔压强曲线

L_1-燃烧室压强时间曲线；L_2-透明窗通孔处压强时间曲线

从图 11-7 中可以看出，两组 F_2 推进剂燃气温度测试实验的压强曲线总体趋势基本相同，与 F_1 推进剂的压强曲线也保持一致。略有不同的是，第一组曲线中 P_2 和 P_3 处的压强峰明显高于第二组，这是氮气压强不同所造成的结果。但是，两组曲线中的平衡压强基本相同，保持在 1.4MPa 左右，说明充气压强的改变对燃烧室的平衡压强没有影响。

对于温度数据的采集，光谱仪的积分时间设置为 0.3s，热电偶采样频率为 0.008s。光谱仪和热电偶的温度数据曲线如图 11-8 所示。

图 11-8 中，两组实验的光谱仪温度曲线趋势相同：由于燃烧室中充入了部分氮气，开始光谱仪采集的温度较低，有一个明显的上升段，随后在 1400℃ 上下波动。第一组实验的充气压强高，充入的氮气对燃烧室的温度场影响更为明显，在温度曲线上表现为上升段所采集的数据明显偏低。两组实验的热电偶曲线差异非常明显，第一组曲线的变化趋势符合发动机工作规律，而第二组曲线则有些异常。

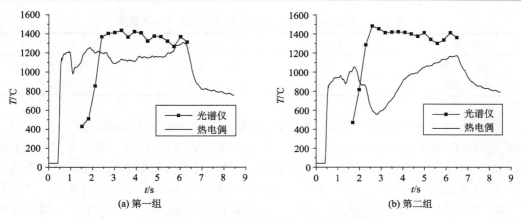

图 11-8　F_2 推进剂光谱仪和热电偶的温度曲线

F_2 推进剂发动机实验的压强和温度的时间归一曲线如图 11-9 所示。

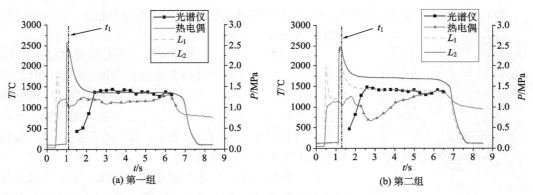

图 11-9　F_2 推进剂压强和温度的时间归一曲线

L_1-燃烧室压强时间曲线；L_2-透明窗通孔处压强时间曲线

　　从图 11-9 可以看出压强和温度之间的变化对应关系。对于热电偶，发动机开始点火，热电偶采集的温度不断升高，在推进剂未全面引燃条件下，点火峰后燃烧室压强回落降低；开始充气后，热电偶采集的温度降低，温度最低点和燃烧室压强最高点的时间相吻合，图 11-9 中 t_1 虚线很好说明了这一点；燃烧室压强达到平衡状态后，第一组热电偶温度曲线相对平稳，但是第二组热电偶温度曲线有一个明显下落回升过程，在发动机工作将近结束时温度升至最高，整体上所采集温度明显低于第一组。实验结束后发现，第二组实验所用热电偶的热电极和保护套之间浇注的密封胶过多，一部分胶水黏结在热电极上，影响了热电偶的敏感度和准确性。

　　对于光谱仪而言，透明窗堵头被冲开时(对应压强曲线中 P_2)，光谱仪才开始采集到燃气有效温度数据。此时，由于测温通道内氮气的影响，光谱仪采集的温度较低。P_3 之后保护气逐渐减少，光谱仪采集的温度也在升高。当燃烧室压强稳定后，光谱仪采集的温度也基本稳定。

　　两组实验中，光谱仪和热电偶采集的燃气最高温度如表 11-4 所示。

表 11-4　F_2 推进剂光谱仪和热电偶采集的燃气最高温度

最高温度	第一组	第二组	平均值
光谱仪数据/℃	1435.8	1483.2	1459.5
热电偶数据/℃	1308.8	1173.6	1241.2

表 11-4 中光谱仪的两组数据非常接近，温度差为 47.4℃，平均最高温度为 1459.5℃；而热电偶两组数据偏差较大，达 135.2℃，平均最高温度为 1241.2℃，其中第二组热电偶由于加工问题造成敏感度降低，采集温度明显偏低。光谱仪数据中第二组温度高于第一组，热电偶温度结果相反。两组实验中光谱仪采集的最高温度都高于热电偶，分别高 127℃、309.6℃，但是与相同燃烧室压强下的理论计算温度（1723.8℃）相比，光谱仪实测平均最高温度低 15.3%，热电偶实测平均最高温度低 28.0%。

11.3.3　F_3 推进剂发动机燃烧室燃气温度测试结果及分析

进行了两组 F_3 推进剂的发动机燃气温度测试实验，喷管喉径为 10mm。实验后透明窗玻璃表面情况如图 11-10 所示。

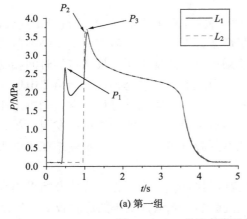

与 F_2 推进剂实验后透明窗玻璃表面情况类似，F_3 推进剂点大实验后透明窗玻璃表面也有少量的浮尘，但是浮尘远远少于 F_2 推进剂。玻璃的透光性很好，采用该状况的透明窗玻璃对白炽灯进行多波长光谱仪的温度校验，光谱仪依然能够采集到有效温度数据，说明少量的浮尘不影响光谱仪采集有效的温度数据。

第一组实验中氮气压强设置为 6MPa，在第二组实验中将充气压强降低为 5MPa。F_3 推进剂发动机燃烧室和透明窗通孔处的压强曲线如图 11-11 所示。

图 11-10　F_3 推进剂点火实验后透明窗玻璃状况

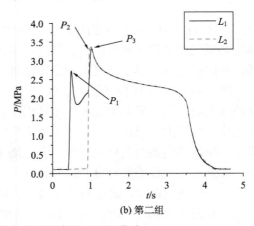

(a) 第一组　　　　　　　(b) 第二组

图 11-11　F_3 推进剂发动机燃烧室和透明窗通孔压强曲线

L_1-燃烧室压强时间曲线；L_2-透明窗通孔处压强时间曲线

从图 11-11 中可以看出，压强曲线的变化趋势和前两种推进剂基本一致，依然存在 P_1、P_2 和 P_3 三个压强峰，说明压强曲线对于测温火箭发动机的工作过程描述符合实际情况。由于降低了平衡压强，第二组实验中 P_2 和 P_3 处的压强小于第一组，但是氮气对平衡压强的影响依然存在，可以在以后的实验中进一步降低充气压强，或者增大喷管喉径。

F_3 推进剂的能量较高，燃烧温度在三种推进剂中最高。因此，光谱仪的积分时间设置为自动模式，根据光谱辐射力的大小自动调整积分时间，热电偶的采样频率是 0.008s。两组实验的光谱仪和热电偶温度曲线如图 11-12 所示。

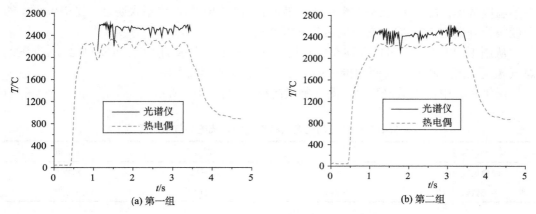

图 11-12　F_3 推进剂光谱仪和热电偶的温度曲线

由图 11-12 可以看出，两组实验中光谱仪温度曲线和热电偶温度曲线都具有很好的一致性。由于 F_3 推进剂的燃烧温度很高，辐射光谱的能量高，光谱仪所采集的数据点明显多于前两种推进剂。两组实验中，光谱仪所采集的温度绝大多数都在 2400～2500℃ 范围内，而热电偶所采集的温度偏低，多集中在 2300℃ 左右。本书所采用的是钨铼热电偶，其测温上限为 2320℃。在这种情况下，热电偶存在烧坏的风险，超出量程后，所采集的温度是在数据处理中根据相应公式插值得到，不具有绝对的真实性。

F_3 推进剂发动机实验的压强和温度的时间归一曲线如图 11-13 所示。

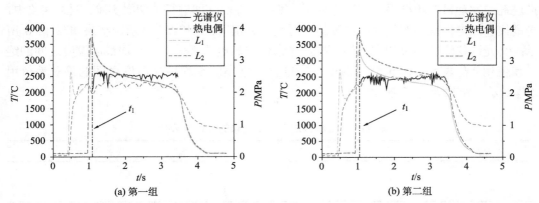

图 11-13　F_3 推进剂压强和温度的时间归一曲线

L_1-燃烧室压强时间曲线；L_2-透明窗通孔处压强时间曲线

从图 11-13 中可以看出压强和温度之间的对应关系，压强曲线、热电偶温度曲线、光谱仪温度曲线之间的变化规律和前两种推进剂保持一致。对于热电偶，发动机开始点火后，热电偶采集的温度不断升高，点火峰后燃烧室压强出现短暂的回落降低，接着推进剂全面引燃，燃烧室压强继续升高，在图 11-13 中可以明显看出这一压强变化过程；开始充气后，热电偶采集的温度降低，温度最低点和燃烧室压强最高点的时间相吻合，如图 11-13 中 t_1 处虚线所示；燃烧室压强达到平衡状态后，热电偶温度曲线也相对平稳。对于光谱仪而言，透明窗堵头被冲开时（对应压强曲线中 P_2），光谱仪才开始采集到燃气有效温度数据；由于 F_3 推进剂燃烧温度较高，氮气的影响作用不太明显，光谱仪采集的温度很快升高至 2600℃ 左右，随后基本保持稳定。

从图 11-13 中依然可以发现充气对温度数据采集所造成的影响，但是由于 F_3 推进剂燃气温度很高，相对于前两种推进剂，充气所造成的影响有限。

两组实验中，光谱仪和热电偶采集最高温度如表 11-5 所示。

表 11-5　F_3 推进剂光谱仪和热电偶采集的燃气最高温度

最高温度	第一组	第二组	平均值
光谱仪数据/℃	2633	2622	2627.5
热电偶数据/℃	2329.8	2310.7	2320.25

从表 11-5 中可知，光谱仪两组数据的重现性很好，仅相差 11℃，平均最高温度是 2627.5℃；热电偶两组数据温度也相差很小，只有 19.1℃，平均最高温度是 2320.25℃。光谱仪和热电偶两组数据中，都是第一组温度高于第二组。光谱仪的两组测试温度均高于热电偶测试温度，分别高 303.2℃、311.3℃，平均高 307.25℃。但是与相同燃烧室压强下的理论计算温度（2917.3℃）相比，光谱仪实测平均最高温度低 9.93%，热电偶实测平均最高温度低 20.5%。F_3 推进剂中铝含量为 11%，其燃烧温度经验值高于 2500℃，超过了钨铼热电偶的测量范围，因此热电偶数据的真实性有待考证。

对三种推进剂的发动机燃气温度测试结果进行分析，主要从两个方面考虑：①三种推进剂的发动机实验结果的重现性分析，每种推进剂分别进行了两组实验，两组实验中，光谱仪和热电偶采集燃气最高温度的绝对差值分别用 ΔT_1 和 ΔT_2 表示，结果如表 11-6 所示；②光谱仪测试结果的准确性分析，光谱仪与热电偶所采集的平均最高温度之间的绝对差值用 ΔT_3 表示，理论计算温度与光谱仪所采集的平均最高温度之间的绝对差值用 ΔT_4 表示，结果表 11-7 所示。

表 11-6　三种推进剂测试结果的重现性分析

ΔT	F_1	F_2	F_3
ΔT_1 /℃	67	47.4	11
ΔT_2 /℃	28	135.2	19.1

注：ΔT_1 代表重现性实验中光谱仪测温结果的绝对差值，ΔT_2 代表热电偶测温结果的绝对差值。

F_1、F_2 和 F_3 推进剂的燃烧温度依次升高，由表 11-7 可以看出，随着燃气温度的升高，ΔT_1 越来越小，光谱仪测试结果的重现性越来越好，说明燃气温度会影响光谱仪稳定性；由于 F_2 推进剂的第二组实验中热电偶存在问题，从 ΔT_2 的变化中不能看出热电偶结果的明显规律。如果考虑到 F_2 和 F_3 推进剂的重现性实验中充气压强的不同，发现充气压强小范围内的调整，不会对光谱测温结果产生明显影响。

表 11-7 光谱仪与热电偶测温结果、理论温度计算结果的对比

ΔT	F_1	F_2	F_3
ΔT_3 /℃	72.25	150.7	307.25
ΔT_4 /℃	361.5	264.5	385.6

注：ΔT_3 表示光谱仪与热电偶采集的平均最高温度的绝对差值，ΔT_4 表示理论计算温度与光谱仪采集的平均最高温度的绝对差值；其中，F_2 推进剂的 ΔT_3 值，是以 F_2 推进剂第一组实验的热电偶最高温度作为计算依据。

由表 11-7 可以看出，随着燃气温度的升高，ΔT_3 逐渐增大；而 ΔT_4 与温度之间没有明显的对应关系，只是稳定在小于 400℃ 的范围内。

从光谱仪实测温度和热电偶实测温度对比看，在较低温度范围，两者测试结果比较接近。从光谱仪实测温度和推进剂理论计算温度对比来看，两者存在一定差值，这个差值产生的原因是什么呢？初步考虑认为：推进剂理论计算温度为最高绝热温度(气流速度为零时的滞止温度)，光谱仪实测温度为燃气具备一定流动速度时的燃气温度，两者必然存在一定差值。

11.4 本 章 小 结

本章计算了 F_1、F_2 和 F_3 三种推进剂的理论燃烧温度，完成了多波长光谱辐射火箭发动机燃烧室燃气温度测试实验方案的制订，开展了上述三种推进剂的发动机燃烧室燃气温度测试实验，并对实验结果进行了分析。相关结论如下。

对于测温火箭发动机充气系统的实际工作效果检验如下所示。

(1)充气系统可以保证透明窗玻璃表面的干净，对光路的畅通起到了保护作用；

(2)充气过程在很短时间内会影响发动机内流场温度分布，但是在发动机燃烧室压强达到平衡状态后，充气不会影响光谱仪和热电偶采集燃气的真实温度；

(3)充气压强的改变不会对光谱测温结果产生明显影响。

对于燃气温度测试实验的结果分析如下所示。

(1)光谱仪和热电偶的测温结果都明显低于理论计算温度，相对而言，光谱仪的测试结果更接近理论值；

(2)温度越高，光谱仪的稳定性越好，测试结果的重现性也越好；

(3)光谱仪实测温度为燃气具备一定流速时的燃气温度，和燃气滞止温度存在差值是正常的。

第 12 章　燃温测试结果重现性与相关性分析

通过对充气式火箭发动机燃烧室燃气温度测试的研究,开展了对不同的配方(铝含量分别为 1%、9%、10%等)推进剂燃烧温度的测试实验,由于铝含量 9%以上燃温测试钨铼热电偶出现损坏,所以验收实验分别用钨铼热电偶和多波长光谱高温仪同时对铝含量1%的复合推进剂发动机燃温进行测试,用作测量精度对比验证,本章对用两种不同测量方法采集的数据进行对比,并分析两种测试结果的相关性。

12.1　测试结果重现性分析

对于一种测试方法,其测试结果重现性好是测试结果可靠的前提。

重现性是表示实验结果的重复性和再现性的统一合称,其中重复性是指在同一实验室中用同一设备,由同一操作者在短期内用相同的方法对同一试样进行多次检验(即通常所指的平行实验)所获得的一系列检测结果间的一致程度。再现性是指在不同的实验室中用不同设备,由不同操作人员在不同(或相同)时间内用相同方法对同一实验材料进行检验(即通常所指的协同检验)所获得的检测结果间的一致程度。

燃温平均值、燃温标准差和燃温相对标准差计算公式如下。

燃温平均值为

$$\bar{T} = \frac{1}{n}\sum_{i=1}^{n} T_i \tag{12-1}$$

燃温标准差为

$$S_i = \sqrt{\frac{1}{n-1}\sum_{i=1}^{n}\left(T_i - \bar{T}\right)^2} \tag{12-2}$$

燃温相对标准差为

$$C_i = \frac{S_i}{T} \tag{12-3}$$

12.1.1　钨铼热电偶测试结果重现性分析

由于钨铼热电偶测量量程最高为 2320℃,因此只对铝含量 1%和铝含量 9%的复合推进剂进行多次平行实验结果的重现性分析。

1. 铝含量 1%推进剂钨铼热电偶测试结果

对铝含量 1%推进剂燃烧室火焰温度测试了多次,其中 5 次钨铼热电偶测试结果如图 12-1 和表 12-1 所示。其中 T_ave 为 5 次测试在不同时刻点温度的平均值。

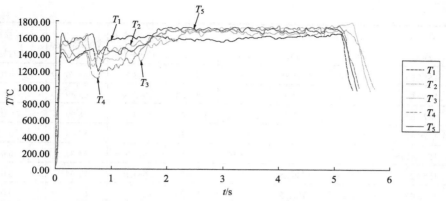

图 12-1　铝含量 1%推进剂 5 次钨铼热电偶温度测试曲线

表 12-1　铝含量 1%推进剂 5 次钨铼热电偶温度测试结果（温度平衡段）

t/s	第一次 T_1/℃	第二次 T_2/℃	第三次 T_3/℃	第四次 T_4/℃	第五次 T_5/℃	平均值 T_ave/℃	燃温标准差	燃温相对标准差
2	1609.34	1543.33	1680.69	1703.68	1718.67	1651.14	73.42	0.044
2.04	1583.00	1557.24	1708.16	1683.08	1724.39	1651.17	75.99	0.046
2.08	1584.59	1567.57	1706.13	1676.58	1722.49	1651.47	71.02	0.043
2.12	1561.69	1584.25	1711.27	1679.51	1712.24	1649.79	71.80	0.044
2.16	1573.24	1557.24	1685.70	1681.17	1725.93	1644.66	74.77	0.045
2.2	1590.90	1611.67	1685.32	1699.15	1712.19	1659.85	54.79	0.033
2.24	1583.58	1636.81	1713.13	1696.09	1700.11	1665.94	54.62	0.033
2.28	1577.01	1642.03	1674.28	1667.61	1728.28	1657.84	55.01	0.033
2.32	1577.27	1659.47	1691.47	1671.61	1729.20	1665.80	56.10	0.034
2.36	1584.19	1682.31	1697.14	1712.72	1729.48	1681.17	56.99	0.034
2.4	1586.59	1649.28	1667.12	1703.06	1725.25	1666.26	53.55	0.032
2.44	1576.68	1667.71	1682.39	1699.54	1720.26	1669.32	55.34	0.033
2.48	1561.62	1675.68	1695.20	1703.66	1719.20	1671.07	63.17	0.038
2.52	1584.80	1669.31	1675.26	1685.86	1696.14	1662.28	44.51	0.027
2.56	1580.02	1671.16	1663.45	1684.96	1708.90	1661.70	48.82	0.029
2.6	1574.66	1617.91	1703.11	1688.85	1708.80	1658.67	59.41	0.036
2.64	1569.83	1631.66	1696.23	1670.19	1702.23	1654.03	54.67	0.033
2.68	1577.05	1663.97	1685.68	1668.45	1707.42	1660.51	49.69	0.030
2.72	1584.41	1676.61	1684.43	1701.07	1726.09	1674.52	53.82	0.032
2.76	1579.35	1677.27	1696.51	1687.41	1715.95	1671.30	53.34	0.032
2.8	1575.37	1694.62	1695.06	1692.47	1709.01	1673.31	55.14	0.033
2.84	1572.44	1695.00	1695.22	1689.73	1715.15	1673.51	57.33	0.034
2.88	1563.06	1702.64	1674.07	1709.80	1720.56	1674.03	64.38	0.038
2.92	1564.52	1705.08	1680.00	1710.13	1712.29	1674.41	62.77	0.037

t/s	第一次 T_1/℃	第二次 T_2/℃	第三次 T_3/℃	第四次 T_4/℃	第五次 T_5/℃	平均值 T_ave/℃	燃温标准差	燃温相对标准差
2.96	1555.23	1667.34	1721.88	1688.81	1684.58	1663.57	63.70	0.038
3	1549.56	1673.74	1714.00	1674.46	1703.63	1663.08	65.89	0.040
3.04	1574.67	1678.01	1705.06	1692.94	1721.43	1674.42	58.00	0.034
3.08	1579.41	1682.43	1717.75	1690.59	1715.10	1677.06	56.68	0.034
3.12	1563.61	1692.81	1723.01	1698.66	1706.63	1676.94	64.37	0.038
3.16	1559.29	1675.80	1736.25	1712.93	1721.22	1681.10	71.64	0.043
3.2	1568.45	1662.28	1707.75	1699.51	1735.25	1674.65	64.84	0.039
3.24	1586.08	1656.53	1678.80	1686.85	1727.68	1667.19	52.13	0.031
3.28	1598.88	1683.45	1687.91	1710.96	1721.83	1680.61	48.38	0.029
3.32	1590.22	1651.55	1724.17	1679.11	1678.51	1664.71	49.13	0.029
3.36	1595.22	1651.07	1722.70	1680.90	1687.50	1667.48	47.75	0.029
3.4	1607.69	1673.65	1724.94	1715.21	1717.27	1687.75	49.03	0.029
3.44	1604.87	1652.02	1726.06	1737.78	1730.86	1690.32	59.04	0.035
3.48	1613.32	1640.90	1724.95	1722.85	1714.51	1683.31	52.37	0.031
3.52	1608.55	1627.23	1732.62	1719.89	1690.45	1675.75	55.38	0.033
3.56	1600.40	1651.78	1718.26	1715.69	1688.93	1675.01	49.56	0.030
3.6	1605.42	1659.42	1697.19	1722.58	1685.32	1673.99	44.56	0.027
3.64	1608.71	1682.63	1709.33	1731.74	1684.09	1683.30	46.34	0.028
3.68	1612.26	1632.49	1745.86	1702.17	1659.79	1670.51	53.93	0.032
3.72	1614.58	1647.20	1735.15	1697.05	1663.34	1671.46	46.37	0.028
3.76	1618.02	1669.89	1729.23	1729.02	1707.93	1690.82	47.34	0.028
3.8	1628.84	1658.69	1724.18	1723.68	1700.18	1687.12	42.09	0.025
3.84	1623.84	1666.70	1733.76	1716.29	1710.80	1690.28	44.60	0.026
3.88	1608.69	1655.04	1738.65	1715.22	1725.83	1688.69	55.03	0.033
3.92	1591.91	1650.20	1705.24	1715.71	1708.50	1674.31	52.94	0.031
3.96	1597.62	1663.85	1696.97	1726.73	1693.96	1675.83	49.06	0.029
4	1606.25	1678.28	1706.92	1748.35	1688.90	1685.74	51.85	0.030
4.04	1599.81	1641.46	1729.60	1682.93	1668.46	1664.45	48.24	0.029
4.08	1605.03	1644.04	1728.40	1690.28	1670.11	1667.57	46.60	0.028
4.12	1610.98	1668.08	1722.61	1730.97	1691.36	1684.80	48.31	0.029
4.16	1616.29	1643.92	1721.42	1725.82	1666.92	1674.87	48.00	0.029
4.2	1619.25	1645.21	1714.48	1713.54	1667.91	1672.08	41.97	0.025
4.24	1620.33	1648.33	1718.12	1716.63	1677.55	1676.19	42.70	0.025
4.28	1620.18	1661.26	1688.00	1721.80	1686.92	1675.63	37.73	0.023
4.32	1615.47	1655.99	1691.95	1719.13	1685.12	1673.53	39.47	0.024

续表

t/s	第一次 T_1/℃	第二次 T_2/℃	第三次 T_3/℃	第四次 T_4/℃	第五次 T_5/℃	平均值 T_ave/℃	燃温标准差	燃温相对标准差
4.36	1623.56	1663.42	1711.82	1737.52	1667.30	1680.72	44.56	0.026
4.4	1622.48	1622.88	1733.31	1690.94	1664.34	1666.79	47.19	0.028
4.44	1624.19	1629.85	1726.44	1702.25	1668.27	1670.20	44.55	0.027
4.48	1634.13	1673.81	1724.61	1732.04	1723.98	1697.71	42.44	0.025
4.52	1651.42	1644.60	1727.80	1717.37	1700.36	1688.31	38.15	0.023
4.56	1631.51	1630.98	1731.04	1726.45	1695.00	1683.00	49.24	0.029
4.6	1646.70	1632.14	1745.52	1732.49	1691.78	1689.73	50.29	0.030
4.64	1630.95	1649.51	1706.35	1727.76	1685.40	1679.99	39.81	0.024
4.68	1619.81	1650.71	1704.43	1726.07	1691.56	1678.52	42.79	0.025
4.72	1623.12	1672.81	1722.34	1741.99	1668.42	1685.74	47.15	0.028
4.76	1626.72	1636.24	1735.21	1687.98	1675.92	1672.42	43.57	0.026
4.8	1626.92	1634.69	1722.82	1689.23	1667.25	1668.18	39.54	0.024
4.84	1628.66	1690.48	1725.12	1745.90	1726.63	1703.36	46.29	0.027
4.88	1644.73	1676.88	1736.61	1722.54	1735.32	1703.22	40.72	0.023
4.92	1636.78	1675.84	1744.28	1714.88	1732.65	1700.89	44.23	0.026
4.96	1657.97	1676.52	1757.30	1729.03	1719.20	1708.00	40.29	0.024
5	1653.82	1692.70	1720.07	1733.02	1709.59	1701.84	30.63	0.018

燃温相对标准差代表了燃温结果重现性的好坏。燃温相对标准差低,则燃温结果的重现性好,反之亦然。从表 12-1 和图 12-1 所示 5 次测试结果,可分析得到如下结论。

(1)图 12-1 所示热电偶采集的是整个发动机工作过程中燃烧室的燃气温度,5 次发动机温度趋势基本一致,工作时间基本在 5s,稳定燃烧平衡段工作时间基本都在 2～5s,因此对平衡段温度数据进行相对标准差计算,如表 12-1 所示,在发动机工作 2～5s,燃温相对标准差最大 0.046,最小 0.018,平衡段后期好于平衡段前期。

(2)采用钨铼热电偶测试铝含量 1%推进剂发动机燃烧温度,5 次测试结果平均温度在 1644～1708℃,重现性较好。

2. 铝含量 9%推进剂钨铼热电偶测试结果重现性分析

对铝含量 9%推进剂燃烧室火焰温度测试了多次,由于铝含量 9%推进剂燃烧温度理论值超过钨铼热电偶测试上限,发动机高温高压工作时间长,持续高温部分钨铼热电偶出现损坏失效的情况,其中 3 次钨铼热电偶测试结果如图 12-2 和表 12-2 所示。其中 T_ave 为 3 次测试在不同时刻点温度的平均值。

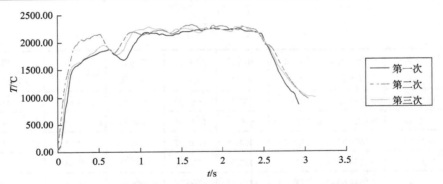

图 12-2　铝含量 9% 推进剂 3 次钨铼热电偶温度测试曲线

表 12-2　铝含量 9% 推进剂 3 次钨铼热电偶温度测试结果（温度平衡段）

t/s	第一次 T_1/℃	第二次 T_2/℃	第三次 T_3/℃	平均值 T_ave/℃	燃温标准差	燃温 相对标准差
1	2114.52	2154.88	2240.11	2169.84	64.12	0.030
1.04	2167.99	2143.58	2240.56	2184.04	50.44	0.023
1.08	2180.07	2162.94	2261.96	2201.66	52.92	0.024
1.12	2162.69	2148.10	2272.68	2194.49	68.10	0.031
1.16	2165.42	2205.78	2245.46	2205.55	40.02	0.018
1.2	2166.67	2212.15	2238.81	2205.88	36.48	0.017
1.24	2137.06	2225.30	2247.95	2203.44	58.59	0.027
1.28	2156.42	2224.16	2237.04	2205.87	43.31	0.020
1.32	2128.57	2200.49	2208.17	2179.08	43.91	0.020
1.36	2120.72	2163.85	2173.13	2152.57	27.96	0.013
1.4	2133.71	2161.42	2202.25	2165.80	34.48	0.016
1.44	2152.40	2184.82	2236.87	2191.36	42.62	0.019
1.48	2155.98	2205.55	2226.97	2196.17	36.42	0.017
1.52	2190.08	2277.84	2254.36	2240.76	45.43	0.020
1.56	2193.61	2310.89	2248.97	2251.16	58.67	0.026
1.6	2192.21	2312.63	2242.68	2249.18	60.47	0.027
1.64	2208.43	2314.44	2236.46	2253.11	54.93	0.024
1.68	2221.66	2287.88	2189.19	2232.91	50.30	0.023
1.72	2221.07	2241.26	2169.64	2210.66	36.93	0.017
1.76	2214.26	2231.17	2200.28	2215.24	15.47	0.007
1.8	2241.26	2233.79	2264.64	2246.56	16.10	0.007
1.84	2231.94	2243.22	2243.00	2239.39	6.45	0.003
1.88	2247.76	2306.29	2249.89	2267.98	33.20	0.015
1.92	2243.12	2283.11	2268.00	2264.74	20.19	0.010

续表

t/s	第一次 T_1/℃	第二次 T_2/℃	第三次 T_3/℃	平均值 T_ave/℃	燃温标准差	燃温 相对标准差
1.96	2240.70	2294.53	2255.22	2263.48	27.85	0.012
2	2227.75	2293.92	2225.61	2249.09	38.84	0.017
2.04	2228.68	2280.98	2213.98	2241.21	35.21	0.016
2.08	2227.92	2232.71	2201.20	2220.61	16.98	0.008
2.12	2230.96	2229.89	2190.44	2217.09	23.09	0.010
2.16	2234.89	2237.66	2273.48	2248.68	21.53	0.010
2.2	2251.07	2225.25	2258.73	2245.02	17.54	0.008
2.24	2217.20	2275.01	2286.65	2259.62	37.19	0.016
2.28	2200.20	2268.88	2260.51	2243.19	37.47	0.017
2.32	2197.12	2256.31	2229.92	2227.78	29.65	0.013
2.36	2192.36	2239.48	2214.85	2215.56	23.57	0.011
2.4	2182.37	2224.83	2174.85	2194.02	26.95	0.012
平均温度	2193.86	2235.98	2232.90	2220.91	37.04	0.017

从表 12-2 和图 12-2 所示 3 次测试结果分析可得到如下结论。

(1) 图 12-2 所示为热电偶采集的是铝含量 9%推进剂发动机工作过程中燃烧室的燃气温度，3 次发动机温度趋势基本一致，工作时间基本在 3s 内，稳定燃烧平衡段工作时间基本都在 1～2.5s，因此对平衡段温度数据进行相对标准偏差计算，如表 12-2 所示，在发动机工作 1～2.4s 时，燃温相对标准差最大为 0.031，最小不到 0.01，平衡段后期好于平衡段前期。

(2) 采用钨铼热电偶测试铝含量 9%推进剂发动机燃烧温度，3 次测试结果平均温度为 2230℃(接近钨铼热电偶测量上限)，重现性较好。

12.1.2　多波长光谱仪燃温测试结果重现性分析

对充气式火箭发动机燃烧室燃气温度测试的研究，主要目的是通过多波长光谱仪非接触测量获得更多高温数据，除对铝含量 1%的复合推进剂发动机燃温进行测试，用作测量精度对比验证外，开展了铝含量 10%推进剂燃烧温度的测试试验。

1. 铝含量 1%推进剂多波长光谱测量法测试结果

对铝含量 1%推进剂燃烧室火焰温度测试了 5 次，前三次多波长光谱高温仪积分时间参数设定为固定值 0.3s，测试结果如图 12-3 所示，平衡段温度数据如表 12-3 所示。后两次多波长光谱高温仪积分时间参数设定为按光谱强度变化自动调整，采样间隔时间最小 40ms，测试结果如图 12-4 所示，平衡段温度数据如表 12-4 所示。

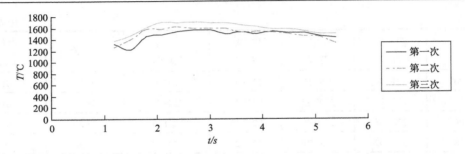

图 12-3　铝含量 1%推进剂前三次多波长光谱高温仪测试曲线

表 12-3　铝含量 1%推进剂前三次多波长光谱高温仪测试结果(温度平衡段)

t/s	第一次 $T_1/℃$	第二次 $T_2/℃$	第三次 $T_3/℃$	平均值 $T\_ave/℃$	燃温标准差	燃温 相对标准差
2.1	1486.9	1586	1707	1593.30	110.2314	0.069184
2.4	1537.2	1627	1689	1617.73	76.32309	0.047179
2.7	1572.2	1600	1707.2	1626.47	71.28544	0.043828
3	1572.4	1597	1692.4	1620.60	63.38549	0.039112
3.3	1492.4	1592	1692	1592.13	99.80007	0.062683
3.6	1522.4	1526	1652.1	1566.83	73.86503	0.047143
3.9	1502.4	1537	1622.4	1553.93	61.76612	0.039748
4.2	1532.4	1527	1586.9	1548.77	33.13462	0.021394
4.5	1517.4	1497	1577.2	1530.53	41.68181	0.027234
4.8	1507.4	1457	1537.2	1500.53	40.53854	0.027016
5.1	1462.4	1437	1499	1466.13	31.16815	0.021259

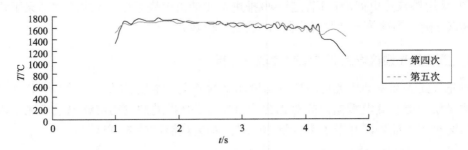

图 12-4　铝含量 1%推进剂后两次多波长光谱高温仪测试曲线

表 12-4　铝含量 1%推进剂后两次多波长光谱高温仪测试结果(温度平衡段)

t/s	第一次 $T_1/℃$	第二次 $T_2/℃$	平均值 $T\_ave/℃$	燃温标准差	燃温 相对标准差
1.24	1665.1	1647.1	1656.10	12.72792	0.007685
1.36	1752.8	1697.2	1725.00	39.31514	0.022791

t/s	第一次 T_1/℃	第二次 T_2/℃	平均值 T_ave/℃	燃温标准差	燃温 相对标准差
1.48	1716	1690.6	1703.30	17.96051	0.010545
1.6	1712.4	1696.5	1704.45	11.243	0.006596
1.67	1774.6	1704.9	1739.75	49.28534	0.028329
1.74	1727.6	1712.3	1719.95	10.81873	0.00629
1.82	1731.3	1723	1727.15	5.868986	0.003398
1.89	1727	1713.8	1720.40	9.33381	0.005425
1.96	1746.8	1678.8	1712.80	48.08326	0.028073
2.03	1713.8	1672	1692.90	29.55706	0.017459
2.1	1707.2	1704.2	1705.70	2.12132	0.001244
2.17	1690.6	1713.4	1702.00	16.12203	0.009472
2.25	1672.7	1690.6	1681.65	12.65721	0.007527
2.32	1689.2	1688.9	1689.05	0.212132	0.000126
2.39	1693.5	1684.2	1688.85	6.576093	0.003894
2.46	1670.4	1684.8	1677.60	10.18234	0.00607
2.54	1663.9	1689.5	1676.70	18.10193	0.010796
2.61	1707.4	1644	1675.70	44.83057	0.026753
2.65	1698	1677.9	1687.95	14.21285	0.00842
2.69	1665.1	1673.5	1669.30	5.939697	0.003558
2.74	1650.2	1632.2	1641.20	12.72792	0.007755
2.78	1657.5	1669.9	1663.70	8.768124	0.00527
2.82	1671.5	1617.8	1644.65	37.97163	0.023088
2.87	1674.8	1603	1638.90	50.77027	0.030978
2.91	1669.4	1649.7	1659.55	13.93	0.008394
2.95	1622.9	1670.7	1646.80	33.7997	0.020524
3	1635.3	1675.8	1655.55	28.63782	0.017298
3.04	1628.2	1649.9	1639.05	15.34422	0.009362
3.08	1601.3	1620.8	1611.05	13.78858	0.008559
3.13	1632.4	1634	1633.20	1.131371	0.000693
3.17	1653.3	1643	1648.15	7.2832	0.004419
3.21	1587.6	1648.1	1617.85	42.77996	0.026442
3.26	1612.3	1678.2	1645.25	46.59834	0.028323
3.3	1590.8	1643.7	1617.25	37.40595	0.023129
3.34	1625.6	1608.5	1617.05	12.09153	0.007478
3.39	1582.7	1653.7	1618.20	50.20458	0.031025

t/s	第一次 T_1/℃	第二次 T_2/℃	平均值 T_ave/℃	燃温标准差	燃温相对标准差
3.43	1595.7	1654.4	1625.05	41.50717	0.025542
3.47	1610	1641.9	1625.95	22.55671	0.013873
3.52	1666.9	1649.2	1658.05	12.51579	0.007548
3.56	1583.6	1693.4	1638.50	77.64032	0.047385
3.6	1609.7	1627.5	1618.60	12.5865	0.007776
3.64	1634.5	1672.8	1653.65	27.08219	0.016377
3.69	1557.3	1609.9	1583.60	37.19382	0.023487
3.73	1606.6	1620.1	1613.35	9.545942	0.005917
3.78	1578.9	1643.6	1611.25	45.74981	0.028394
3.82	1583.4	1586.2	1584.80	1.979899	0.001249
3.86	1589.2	1604.7	1596.95	10.96016	0.006863
3.9	1601.6	1581.5	1591.55	14.21285	0.00893
3.95	1583.1	1524	1553.55	41.79001	0.0269
3.99	1627.2	1590	1608.60	26.30437	0.016352
4.03	1614.5	1600	1607.25	10.25305	0.006379
4.08	1552.9	1511.3	1532.10	29.41564	0.0192
4.12	1634	1612.7	1623.35	15.06137	0.009278
4.16	1570.3	1571.5	1570.90	0.848528	0.00054
平均值	1648.5	1649.6			

从图 12-3 和图 12-4 得到如下结论。

(1)为了保证测温光路畅通,光谱仪只能在透明窗通孔处的堵头被冲开后才能采集到燃烧室燃气温度,因此光谱仪采集的有效温度的时间范围不包括发动机点火过程和初始阶段推进剂燃烧过程。

(2)多波长光谱高温仪采用按光谱强度变化自动调整积分时间参数,比固定积分时间参数采集温度数据多,更能反映发动机腔体内燃烧温度。对平衡段温度数据进行相对标准差计算如表 12-4 所示。

(3)采用多波长光谱高温仪测试铝含量 1%推进剂发动机燃烧温度,5 次测试结果平衡段平均温度在 1648.5～1649.6℃,重现性较好。

2. 铝含量 10%推进剂多波长光谱测量法测试结果

对铝含量 10%推进剂燃烧室火焰温度测试了 3 次,多波长光谱高温仪积分时间参数设定为按光谱强度变化自动调整,采样间隔时间最小 72ms,测试结果如图 12-5 所示,平衡段温度数据如表 12-5 所示。

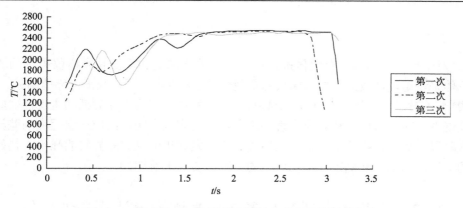

图 12-5　铝含量 10%推进剂多波长光谱高温仪测试曲线

表 12-5　铝含量 10%推进剂多波长光谱高温仪测试结果（温度平衡段）

t/s	第一次 T_1/℃	第二次 T_2/℃	第三次 T_3/℃	平均值 T_ave/℃	燃温标准差	燃温相对标准差
1.52	2337	2467	2492	2432.00	83.21658	0.034217
1.64	2482	2447	2516	2481.67	34.50121	0.013902
1.76	2522	2517	2477	2505.33	24.66441	0.009845
1.88	2532.2	2522	2472	2508.73	32.21821	0.012842
2	2542	2527	2497	2522.00	22.91288	0.009085
2.12	2547	2537	2497	2527.00	26.45751	0.01047
2.24	2552	2542	2512	2535.33	20.81666	0.008211
2.36	2552	2544	2517	2537.67	18.33939	0.007227
2.48	2547	2540	2507	2531.33	21.36196	0.008439
2.55	2542.2	2542	2515	2533.07	15.64651	0.006177
2.62	2537	2547	2507	2530.33	20.81666	0.008227
2.7	2552	2542	2510	2534.67	21.93931	0.008656
2.77	2552.1	2512	2510	2524.70	23.75016	0.009407
2.84	2534	2402	2512	2482.67	70.72011	0.028486
平均值	2523.607	2513.429	2502.929			

　　从铝含量 10%推进剂多波长光谱高温仪测试结果分析可得到如下结论。

　　(1)同铝含量 1%的测试一样，为了保证测温光路畅通，光谱仪只能在透明窗通孔处的堵头被冲开后才能采集到燃烧室燃气温度，因此光谱仪采集的有效温度的时间范围不包括发动机点火过程和初始阶段推进剂燃烧过程。

　　(2)采用多波长光谱高温仪测试铝含量 10%推进剂发动机燃烧温度，3 次发动机温度趋势基本一致，3 次测试结果平衡段平均温度在 2502.929～2523.607℃，重现性较好。

12.1.3　小结

（1）对于铝含量 1%复合固体推进剂采用钨铼热电偶和多波长光谱仪得到的燃温结果，总体来看重现性较好，燃温结果的重现性在 2%以内，可以获得可靠的结果。

（2）无论对于铝含量 1%、9%、10%推进剂，发动机工作平稳后期的重现性要好于前期的重现性。对于试样在初始点火燃烧阶段，以及充气影响，出现一定程度的差异，经历点火阶段之后，试样将进入稳定的燃烧阶段，发动机的燃烧差异将明显小于初始燃烧阶段的差异，因此发动机工作平稳后期的重现性要好于前期。

12.2　钨铼热电偶法与多波长光谱测温法相关性分析

分别用钨铼热电偶和多波长光谱高温仪同时对铝含量 1%的复合推进剂发动机燃温进行测试，用作测量精度对比验证，结果如图 12-6 所示，其中燃烧平衡段 2～4s 燃温测试数据如表 12-6 和图 12-7 所示，光谱高温仪测量测试结果为 T_λ，钨铼热电偶测试结果为 T_c。

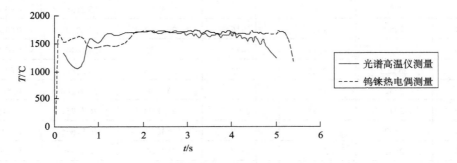

图 12-6　铝含量 1%推进剂燃烧两种方法温度测试结果对比

表 12-6　铝含量 1%推进剂(2～4s)温度测试结果

时间/s	光谱测温 T_λ /℃	钨铼测温 T_c /℃	T_λ / T_c
2.08	1712.3	1722.49	0.99
2.2	1723	1712.19	1.01
2.27	1713.8	1700.11	1.01
2.34	1678.8	1729.20	0.97
2.42	1672.0	1720.26	0.97
2.49	1704.2	1719.20	0.99
2.56	1713.4	1708.90	1.00
2.63	1690.6	1702.23	0.99
2.7	1688.9	1726.09	0.98
2.78	1684.2	1715.95	0.98
2.85	1684.8	1715.15	0.98

续表

时间/s	光谱测温 T_λ /℃	钨铼测温 T_c /℃	T_λ / T_c
2.92	1689.5	1712.29	0.99
2.99	1644.0	1703.63	0.96
3.06	1677.9	1721.43	0.97
3.11	1673.5	1706.63	0.98
3.15	1632.2	1721.22	0.95
3.19	1669.9	1735.25	0.96
3.24	1617.8	1727.68	0.94
3.28	1603.0	1721.83	0.93
3.32	1649.7	1678.51	0.98
3.36	1670.7	1687.50	0.99
3.41	1675.8	1717.27	0.98
3.45	1649.9	1730.86	0.95
3.5	1620.8	1714.51	0.95
3.54	1634.0	1690.45	0.97
3.58	1643.0	1688.93	0.97
3.63	1648.1	1685.32	0.98
3.67	1678.2	1684.09	1.00
3.71	1643.7	1659.79	0.99
3.76	1608.5	1663.34	0.97
3.8	1653.7	1707.93	0.97
3.84	1654.4	1700.18	0.97
3.88	1641.9	1710.80	0.96
3.93	1649.2	1725.83	0.96
3.97	1693.4	1708.50	0.99
平均值	1665.4	1707.9	

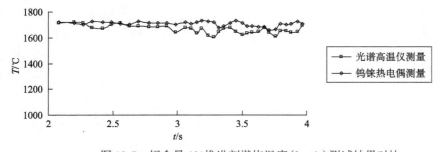

图 12-7　铝含量 1%推进剂燃烧温度(2~4s)测试结果对比

　　图 12-6 是光谱高温仪和钨铼热电偶对同一铝含量 1%推进剂发动机温度测试进行的验收实验数据曲线。热电偶采集的是整个发动机工作过程中燃烧室的燃气温度，而为了保证测温光路畅通，光谱仪只能在透明窗通孔处的堵头被冲开后才能采集到燃烧室燃气温度，因此光谱仪采集的有效温度的时间范围不包括发动机点火过程和初始阶段推进剂燃烧过程。

　　测温实验结束后，取出测量后的钨铼热电偶和透明窗蓝宝石玻璃进行检查，钨铼热电偶测头完好，表面附着少量推进剂残渣，玻璃表面干净，基本没有推进剂残渣，说明测温光路畅通。从图 12-6 数据看出钨铼热电偶测得温度最高点的时刻滞后于多波长光谱高温仪，由于钨铼热电偶为接触测量，热电偶测头在发动机腔体内，推进剂燃烧过程中产生的燃烧物残渣附着在热电偶传感器测头表面影响测温。对铝含量 1%推进剂两种方法测试结果在发动机点火后 2～4s 工作段测量的温度数据相近，在此平衡段钨铼热电偶测量平均温度为 1707.9℃，多波长光谱高温仪测得的平均温度为 1665.4℃，两者的测试结果具有良好的符合性，对平衡段平均值两者相差不超过 3%。

12.3　本章小结

　　本章分析了钨铼热电偶和多波长光谱法测试结果的重现性，并对比分析了铝含量 1%推进剂分别采用两种方法同时测试的燃温结果，燃温测试结果的重现性在 2%以内，两种方法测试结果具有较强的相关性。

第13章　燃温测试软件及操作范例

根据多波长光谱测温理论和数据处理方法，编写了多波长光谱燃温测量软件。

13.1　燃温测试软件介绍

13.1.1　编程环境

操作系统：Windows 7（32位系统）
编程环境：Microsoft Visual Studio 2010

13.1.2　工作流程

多波长光谱测温法测发动机燃气温度流程主要包括装配测温发动机，标定光谱仪，标定热电偶传感器以及燃温测试等多个阶段。

多波长光谱测温法工作流程（图13-1）如下。

（1）将所有仪器准备好，测温发动机装配好，并测量记录相关参数。

（2）根据理论计算推进剂燃气温度，调节光谱仪测量参数。

（3）开始推进剂燃烧实验，获取每次实验的波长-光强曲线。

（4）采集不同时刻燃气的光强-波长曲线。

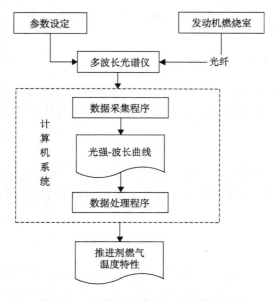

图 13-1　多波长光谱测温法工作流程

(5)根据实测不同时刻的光强-波长曲线，计算发动机燃烧室内燃气温度特性。

13.1.3 软件模块

测温软件工作流程如图 13-2 所示，光谱测温软件主要模块包含光谱仪初始化模块、光谱仪校准模块、温度测量模块。

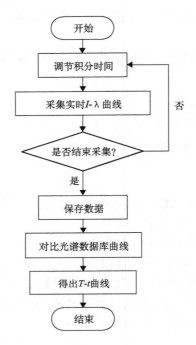

图 13-2　测温软件工作流程图

1. 光谱仪初始化模块

首先确认高温光谱仪软件和光谱仪硬件正确连接，在使用光谱仪采集数据之前，需要设置采集积分时间、像素宽度、平均值浏览和校准参数选择等选项。

2. 光谱仪校准模块

由光谱仪初始化的参数选择光谱仪的校准函数，由于光谱仪校准已在黑体炉标定时完成，此模块在一般情况下不需要进行操作，系统会根据初始化的参数选择合适的标定函数。

3. 温度测量模块

基于普朗克定律测温方法，假设测量对象是黑体或者灰体，根据维恩位移定律，光谱峰值(nm)为：$2897/t$，其中 t 为热力学温度。由于测量范围为 $1100 \sim 4000℃$，因此在 $1100℃$ 时峰值波长为 $2110nm$，在 $4000℃$ 时峰值波长为 $678nm$。

考虑到校准的精度和黑体炉实际使用的经济性，采用 2200℃（峰值波长为 1171nm）进行校准；同时考虑在有限的波长范围内计算，对应波长点的赋值应该足够大，因此实际计算的波长范围为 540～920nm。

在温度测量模块中可以根据实际情况选择积分时间调整方式，实时监测波长-光强的变化曲线，在测量结束后根据需求选择数据处理方法，最终得到温度测量数据。

13.2 范 例

现以某火箭发动机内推进剂燃气温度测试为例，详细说明测温软件使用方法。

搭建发动机燃气温度测试平台。在发动机的燃烧室壁上开一个透明窗，用于光谱数据采集。使用 10m 光纤进行光路传输。所有实验设备准备完成后开始进行光谱高温仪软件操作。

双击桌面可执行文件"光谱仪"图标出现图 13-3 所示界面，进入程序。

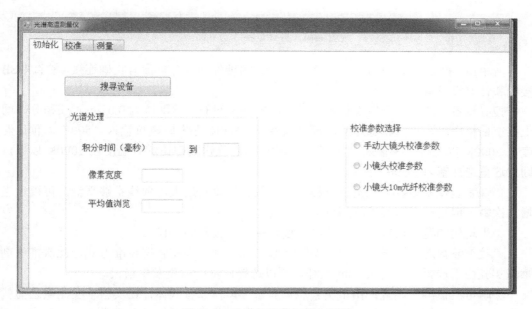

图 13-3 光谱仪软件初始化界面

13.2.1 初始化模块

首先检查光谱仪是否和计算机正确连接，单击"搜寻设备"，如图 13-4 所示，表明光谱仪和计算机正确连接。

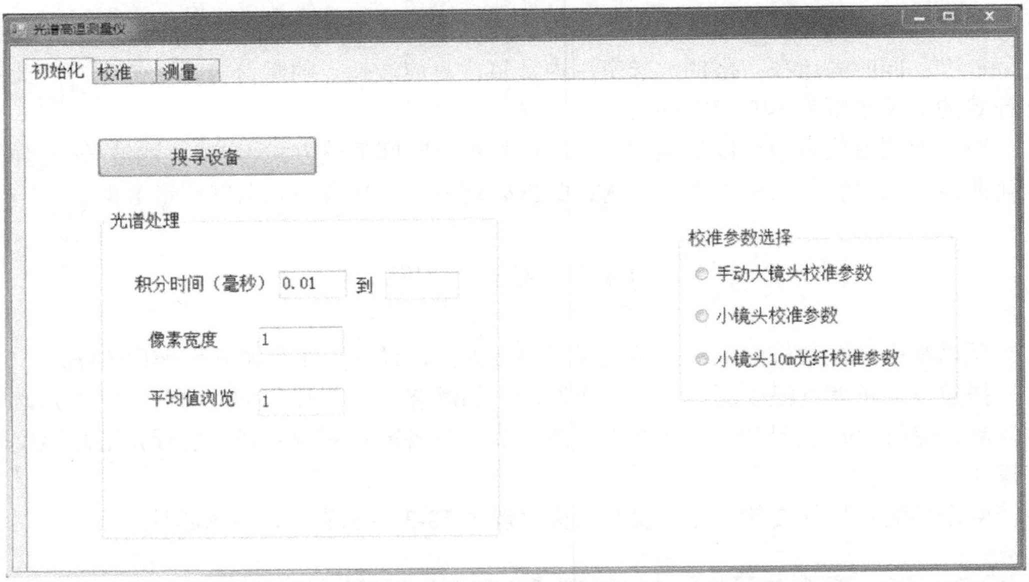

图 13-4　搜寻设备成功界面

若单击"搜寻设备"后，程序没有反应，说明硬件和计算机没有正确连接，检查 USB 接线和计算机设置。

搜寻设备完成后，开始设置积分时间，积分时间的下限默认为 0.01ms，在积分时间上限空白框内填写最大积分时间，预估温度在 1500K 左右时建议输入"500"，预估温度在 2000K 以上时建议输入"200"。本次测量的推进剂理论燃气温度在 2000K 以上，因此这里选择输入"200"。

"像素宽度"设置：在测量过程中，如果数据跳动过大，曲线不够平滑，可以适当增加次数，但是一般情况下不超过 4。

"平均值浏览"设置：在高速测量过程中，一般都为"1"。

"校准参数选择"设置：根据实际实验情况选择不同的数据校准方式，此次推进剂燃烧实验由于选择了小镜头 10m 光纤，所以选择此项，以免发生错误。

"暗电流校准"设置：由于实验假设对象为黑体或者灰体，在实验证实测量之前就应当进行暗电流校准。操作时用手将光纤头堵住，防止有漏光进入测量系统，操作成功后会出现对话框提示"获取成功"，如图 13-5 所示。

13.2.2　校准模块

单击"校准"菜单栏，出现校准模块界面如图 13-6 所示，由于多波长光谱测温原理假设测量对象为灰体，和理论方法存在差异，而且根据光谱仪出厂状态不同，也会产生不可避免的测量偏差，因此在进行温度测量实验前，就要对光谱仪进行测量校准。

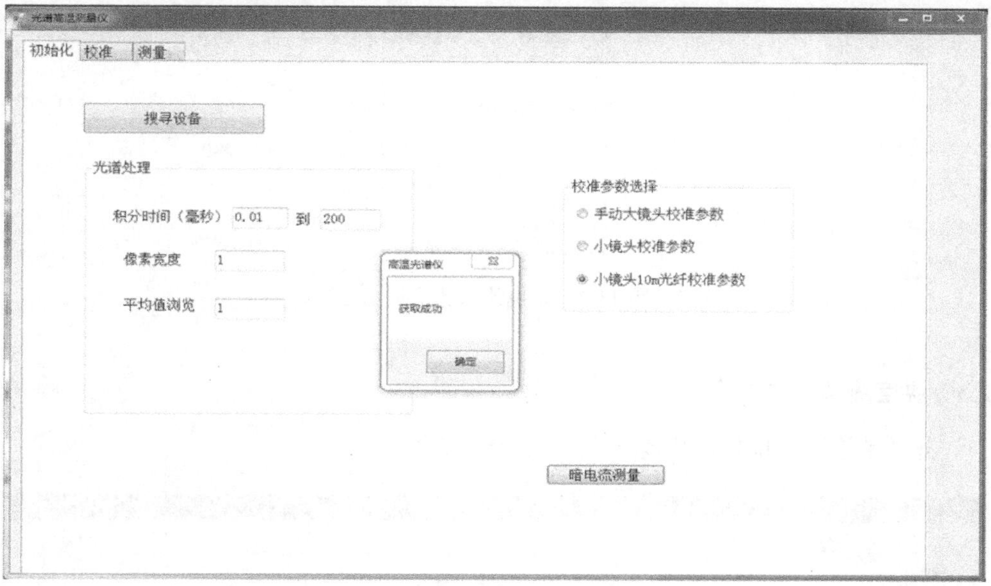

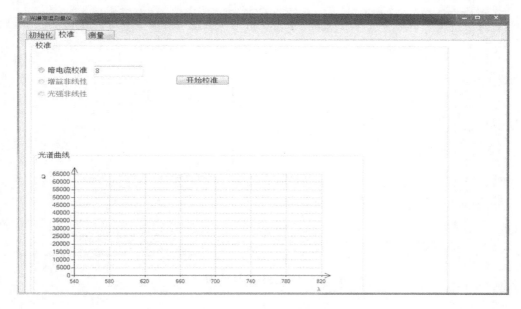

图 13-5 光谱仪初始化成功界面

图 13-6 光谱仪软件校准模块

　　一般情况下系统在实验之前已经通过黑体炉进行过校准，不需要再次进行校准，因此，此界面不要擅自操作。当在初始化模块中没有进行暗电流测量时，进入"校准"模块或者"测量"模块时会弹出提醒对话框，如图 13-7 所示。

图 13-7　暗电流未测量提示框

13.2.3　温度测量模块

单击"测量"菜单栏，出现如图 13-8 所示界面：

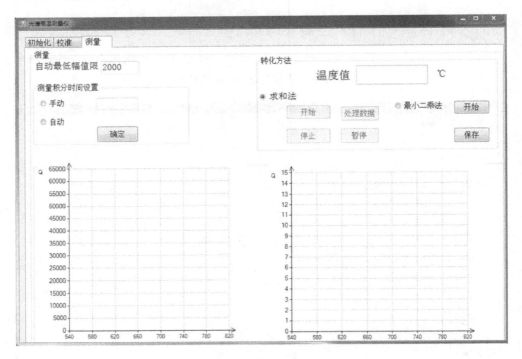

图 13-8　温度测量模块初始界面

1. 积分时间设置

积分时间设置方式分为两种，分别是手动设置和自动设置。

1) 手动设置"积分时间"

在"测量积分时间设置"内勾选"手动"，输入需要设置的积分时间，时间单位是 ms，输入范围最小值是 8ms，最大值是在初始化模块中设置的积分时间最大值。其中，积分时间越长，光强越高，采集到的数据点越少。因此只有在实际测量光强不够的情况下再进一步增大最大积分时间，反之，若光强过大，则适当减小积分时间。然后单击"确定"按钮弹出成功的对话框（图 13-9）。

2）自动选择"积分时间"

在"测量积分时间设置"内选择"自动"，自动积分时间会在最小值为 8ms 和最大积分时间之间自动选择，但是需要说明的是，初始计算时间是最小积分时间 8ms。然后需要在"自动最低幅值限"输入最低的原始数据值，为自动调节积分时间提供计算依据，该值表征最小的"最大有效光谱强度"，当实测的最大有效光谱强度的值超过这个值时，积分时间才会调小一些，否则积分时间不变。

2. 温度测量及计算

当设置好"积分时间设置"选项后，在"测量"模块的右边有"求和法"和"最小二乘法"两种数据处理方法，本次实验选择"求和法"。勾选"求和法"，在推进剂点火进入倒计时后就单击求和法这端的"开始"按钮，以免数据漏读。当积分时间选择为手动调节时，在测量的过程中可以看到图 13-9 中两个坐标内的图像会根据实时数据进行变化，而温度也可以保证实时采集，但是对于此次实验中燃烧状态变化较为剧烈，应为自动调节积分时间。选择自动调节积分时间，在测量的过程中无法从坐标中实时观测燃烧室中的温度，需要在数据处理过后进行数据分析，因此在燃烧完成后，需要先停止数据读取。单击"求和法"这一端的"停止"按钮，即可停止读取。停止读取数据后，单击"数据处理"按钮，可以看到界面下方的两个坐标图内图像不断变化，而"转化方法"框中的温度值也在不断变换。处理结束后，弹出对话框，数据处理完毕。

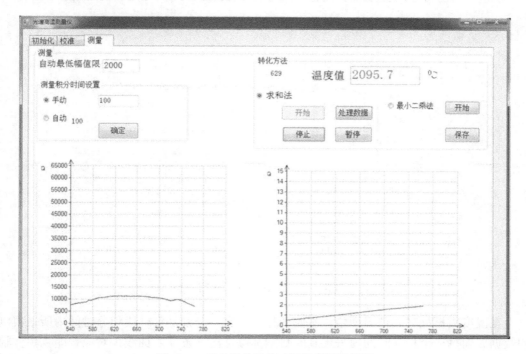

图 13-9　手动调节积分时间温度测量界面

13.2.4　数据处理软件

光谱数据采集完成后可以根据实际情况进行数据的修正。打开桌面可执行文件"温度数据处理",选择数据文件,选择校准参数和传递函数。单击"数据读取",如图 13-10 所示。

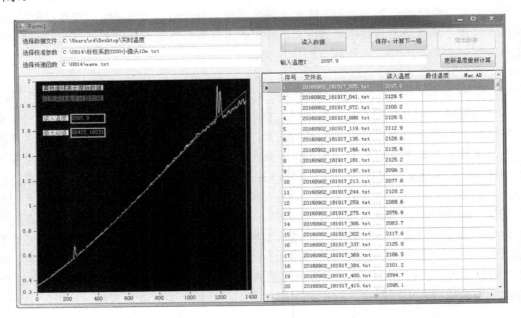

图 13-10　光谱–温度数据处理界面

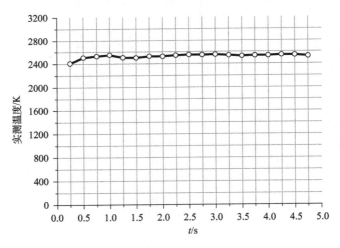

图 13-11　实验测得温度–时间曲线

在温度数据处理软件界面中,右侧的每一个文件分别是每一段积分时间内所采集到的数据。而每一个积分时间内采集到的数据都拟合出一条 *I-λ* 曲线,对应普朗克黑体辐射曲线，得到一个温度值。如果拟合曲线和测量的曲线相差较大时，可以手动进行修正，在"输入温度 T"框中手动输入所需要的温度值，然后单击"更新温度重新计算"按钮即可。选择需要的数据处理完成后，单击"导出温度数据"，选择保存路径，得到实验测得的温度数据。

根据温度数据处理后得到的 $T\text{-}t$ 曲线如图 13-11 所示。

13.3　本　章　小　结

本章详细介绍了多波长光谱测温法数据处理软件编辑环境、工作流程和软件模块，并举例说明了该软件的具体使用过程。

参 考 文 献

[1] 唐金兰, 刘佩进, 胡松启, 等. 固体火箭发动机原理[M]. 北京: 国防工业出版社, 2013.

[2] 杨月诚. 火箭发动机理论基础[M]. 西安: 西北工业大学出版社, 2010.

[3] 汪亮. 燃烧实验诊断学[M]. 北京: 国防工业出版社, 2011.

[4] 徐朝启, 何国强, 刘佩进, 等. 固体推进剂燃烧温度的双波长测试方法[J]. 固体火箭技术, 2010, 33(5): 594-598.

[5] MAZIKOWSKI A, CHRZANOWSKI K. Non-contact multiband method for emissivity measurement[J]. Infrared physics & technology, 2003, 44(2): 91-99.

[6] KEYVAN S, ROSSOW R, ROMERO C, et al. Comparison between visible and near-ir flame spectra from natural gas-fired furnace for blackbody temperature measurements[J]. Fuel, 2004, 83(9): 1175-1181.

[7] AZAMI T, NAKAMURA S, HIBIYA T. Observation of periodic thermocapillary flow in a molten silicon bridge by using non-contact temperature measurements[J]. Journal of crystal growth, 2001, 231(1-2): 82-88.

[8] 张东壁. 热电效应和热电偶[J]. 现代物理知识, 1997(5): 30-32.

[9] YOU H, YU M, ZHENG L, et al. Study on suppression of the coal dust/methane/air mixture explosion in experimental tube by water mist[J]. Procedia Engineering, 2011, 26(1): 803-810.

[10] ZHANG Q, LI W, LIN D C. Experimental study of gas deflagration temperature distribution and its measurement[J]. Experimental thermal & fluid science, 2011, 35(35): 503-508.

[11] CHANG Y M, LEE J C, CHEN C C, et al. Fire and explosion properties examinations of toluene–methanol mixtures approached to the minimum oxygen concentration[J]. Journal of thermal analysis & calorimetry, 2009, 96(3): 741-749.

[12] BRUNDAGE A L, DONALDSON A B, GILL W, et al. Thermocouple response in fires, part 1: considerations in flame temperature measurements by a thermocouple[J]. Journal of fire sciences, 2011, 29(3): 195-211.

[13] SILVANI X, MORANDINI F. Fire spread experiments in the field: temperature and heat fluxes measurements[J]. Fire safety journal, 2009, 44(2): 279-285.

[14] 项志遴. 高温等离子体诊断技术[M]. 上海: 上海科学技术出版社, 1982.

[15] 宫经宽, 刘樾. 光纤传感器及其应用技术[J]. 航空精密制造技术, 2010, 46(5): 49-53.

[16] 郝晓剑, 孙伟, 周汉昌, 等. 蓝宝石光纤黑体腔高温计[J]. 应用基础与工程科学学报, 2004, 12(2): 218-223.

[17] WANG X Y, GAO W. Investigation on sapphire fiber blackbody sensor[C]. IEEE 2010 international conference on computer application and system modeling, 2010: 13452-13455.

[18] 戴景民, 金钊. 火焰温度测量技术研究[J]. 计量学报, 2003, 24(4): 297-302.

[19] 朱德忠. 热物理激光测试技术[M]. 北京: 科学出版社, 1990.

[20] CHOI M Y, HAMINS A, MULHOLLAND G W, et al. Simultaneous optical measurement of soot

volume fraction and temperature in premixed flames[J]. combustion & flame, 1994, 99(1): 174-186.

[21] 郭建民. 基于数字图像处理技术的锅炉火焰检测与污染物排放特性研究[D]. 北京: 中国科学院研究生院工程热物理研究所, 2006.

[22] 张虎. 基于 CARS 的火焰温度测量技术研究[D]. 哈尔滨: 哈尔滨工业大学, 2010.

[23] STRICKER W, WOYDE M, BERGMANN V. Temperature measurements in high pressure flames with raman techniques[C]. Temperature (American Institute of Physics), 1991: 673-678.

[24] 李麦亮. 激光光谱诊断技术及其在发动机燃烧研究中的应用[D]. 长沙: 国防科学技术大学, 2004.

[25] 李麦亮, 赵永学, 耿辉, 等. 基于光谱测量的燃烧诊断技术[J]. 装备指挥技术学院学报, 2002, 13(4): 32-36.

[26] 范传新. 固体火箭羽焰的辐射特性及其温度测量技术述评[J]. 固体火箭技术, 2004, 27(3): 238-242.

[27] 李岩峰, 郝晓剑. 原子发射光谱双谱线测温技术[J]. 电子质量, 2013(7): 78-81.

[28] 赵文华, 唐皇哉, 沈岩, 等. 谱线强度法所测得温度的物理意义[J]. 光谱学与光谱分析, 2007, 27(11): 2145-2149.

[29] HERGET W F, CONNER W D. Instrumental sensing of stationary source emissions[J]. Environmental science & technology, 1977, 11(10): 962-967.

[30] HERGET W F, BRASHER J D. Remote Fourier transform infrared air pollution studies[J]. Optical Engineering, 1980, 19(4): 508-514.

[31] WANG J D, HUANG M, WANG T S. Simplified method for the rotational temperature determination of carbon monoxide from absorption spectra measured at high resolution[J]. Spectroscopy letters an international journal for rapid communication, 1995, 28(1): 55-67.

[32] WANG J D, CHEN Z R, LOU Y H, et al. Temporal temperature measurement of exploded gas by absorption-emission spectroscopy[J]. Instrumentation science & technology, 1996, 24(3): 169-177.

[33] 王文革. 辐射测温技术综述[J]. 宇航计测技术, 2005, 25(4): 20-24.

[34] 张忠恒. 双波长红外测温仪的研究[D]. 天津: 天津理工大学, 2007.

[35] 张虎, 李世伟, 陈应航, 等. 非接触高温测量技术发展与现状[J]. 宇航计测技术, 2012, 32(5): 68-71.

[36] 张平. 燃烧诊断学[M]. 北京: 兵器工业出版社, 1986.

[37] 袁宝慧, 田清政, 邹文豪, 等. 炸药爆温的光纤测温法测量[J]. 光子学报, 1998(6): 563-567.

[38] 曹立华, 杨词银, 万春明. 基于标校的双波段比色测温法[J]. 仪器仪表学报, 2012, 33(8): 1882-1888.

[39] 王存海. 多光谱辐射测温及半透明介质表观辐射特性[D]. 哈尔滨: 哈尔滨工业大学, 2013.

[40] SVET D Y S V J, LEVCHUK V V. Optical photoelectronic pyrometer for measuring the true temperature of metals by radiation[J]. High Temp-High pressures, 1979, 11: 117-118.

[41] LYZENGA G A, AHRENS T J. Multiwavelength optical pyrometer for shock compression experiments[J]. Review of scientific instruments, 1979, 50(11): 1421-1424.

[42] GARDNER J L, JONES T P, DAVIES M R. A six-wavelength radiation pyrometer[J]. High temp & high pressures, 1981, 13(4): 459-466.

[43] 戴景民, 卢小冬, 褚载祥, 等. 具有同步数据采集系统的多点多波长高温计的研制[J]. 红外与毫米波学报, 2000, 19(1): 62-66.

[44] COPPA P, DAI J, RUFFINO G. The transient regime of a multiwavelength pyrometer[J]. International journal of thermophysics, 1993, 14(3): 599-607.

[45] SABADELL A J, SUMMERFIELD M, WENOGRAD J. Measurement of temperature profiles through solid propellant flams using fine thermocouples[J]. AIAA journal, 1964, 3(9): 1580-1584.

[46] 李兆民, 魏英华. 固体火箭发动机燃气温度测量研究[J]. 推进技术, 1991(3): 76-82.

[47] Maise G, Sabadell A J. Electrostatic probe measurements in solid-propellant rocket exhausts[J]. AIAA journal, 1970, 8(5): 895-901.

[48] 赵文华, 石泳, 沈岩. 电弧加热发动机羽流电子温度的探针诊断[J]. 中国空间科学技术, 2005, 25(1): 67-71.

[49] 于常青, 闫军, 李家泽, 等. 炸药爆轰温度的光纤光谱测量方法[J]. 兵工学报, 2001, 22(1): 70-73.

[50] 阎军, 徐更光, 于长青. 光纤光谱技术在炸药爆温测量中的应用[J]. 北京理工大学学报, 2000, 20(4): 492-495.

[51] 路小波, 吴志鹤. 光纤燃气温度传感器及测试系统[J]. 仪器仪表学报, 2000, 21(4): 422-424.

[52] 李翔, 张亮. CCD 技术在发动机温度场测试中的应用研究[J]. 航空兵器, 2012(2): 33-36.

[53] ECKBRETH A C. CARS diagnostics of solid propellant combustion at elevated pressure[J]. Combustion science & technology, 1989, 66(4): 163-179.

[54] STUFFLEBEAM J H, ECKBRETH A C. CARS temperature and species measurements in propellant flames[J]. Journals, 1994, 72(6): 115-131.

[55] CHAUSSARD F, MICHAUT X, SAINT-LOUP R, et al. Optical diagnostic of temperature in rocket engines by coherent raman techniques[J]. Comptes rendus physique, 2004, 5(2): 249-258.

[56] YAN J, XU G G. Theoretical calculation of nitrogen Q-branch CARS spectra[J]. Journal of beijing institute of technology, 2001, 10(1): 108-112.

[57] 李春喜, 赵鸣, 张蕊娥, 等. 双基推进剂燃烧火焰温度 CARS 测定技术[J]. 火炸药学报, 2003, 26(1): 65-67.

[58] HU Z Y, LIU J R, ZHANG Z R, et al. Single-pulse cars spectra in solid propellant combustion at atmosphere pressure[J]. Chinese optics letters, 2003, 1(7): 395-397.

[59] TOURIN R H. Troscopie gas temperature measurement pyrometry of hot gases and plasmas[M]. American: Elsevier, 1996.

[60] YANG D, XU H, WANG J, et al. Temperature measurement of solid rocket motor exhaust plume by absorption-emission spectroscopy[J]. Spectroscopy letters, 2001, 34(2): 109-116.

[61] LU Y C, FREYMAN T, KUO K K. Measurement of temperatures and OH concentrations of solid propellant flames using absorption spectroscopy[J]. Combustion science and technology, 1995, 104(1-3): 193-205.

[62] 李疏芬, 张雪松. 红外辐射吸收法测量火焰温度[J]. 火炸药, 1997(4): 32-34.

[63] WANG J D, WANG X W, LI H Z, et al. Flame temperature remote measurement from infrared emission line intensities of rotation-vibration band of molecules[J]. Spectroscopy letters, 1990, 23(4): 515-526.

[64] 杨栋, 王俊德, 赵宝昌, 等. 原子发射光谱双谱线法测量固体火箭发动机内燃气温度[J]. 光谱学与光谱分析, 2002, 22(2): 307-310.

[65] 朱曙光. 固体推进剂火焰温度分布测量[D]. 北京: 清华大学, 2003.

[66] HUANG I T, THYNELL S T, KUO K K. Measurements and theory of signal-to-noise ratio of ft-ir emission spectrometry applied to high-pressure solid propellant combustion[J]. Applied spectroscopy, 1992, 46(7): 1182-1188.

[67] 李燕, 王俊德, 孙秀云, 等. FTIR 遥测固体推进剂燃烧温度[J]. 光谱学与光谱分析, 2004, 24(8):

936-937.

[68] 王宏, 李春迎, 张小玲. FTIR 光谱遥测固体火箭推进剂燃气辐射能[J]. 含能材料, 2004, 12（3）: 178-180.

[69] 李春迎. 遥感 FTIR 光谱实时原位测定固体火箭推进剂羽流红外特性[D]. 西安: 陕西师范大学, 2004.

[70] 周学铁. 爆炸体系瞬态温度实时诊断[D]. 南京: 南京理工大学, 2009.

[71] 王宏, 符彬, 刘桂生, 等. 用热像仪测试发动机燃气流场温度[J]. 固体火箭技术, 2003, 26（2）: 65-67.

[72] TARASOV M D, KARPENKO I I, SUDOVTSOV V A, et al. Measuring the brightness temperature of a detonation front in a porous explosive[J]. Combustion explosion & shock waves, 2007, 43（4）: 465-467.

[73] 刘庆明, 白春华. 应用比色测温仪测量燃料空气炸药爆炸过程温度响应[J]. 兵工学报, 2009, 30（4）: 425-430.

[74] XIONG C, YAN C J, QIU H, et al. Multicycle detonation investigation by emission–absorption-based temperature diagnostics[J]. Combustion science & technology, 2011, 183（1）: 62-74.

[75] 萧鹏, 戴景民, 王青伟. 多目标多光谱辐射高速高温计的研制[J]. 光谱学与光谱分析, 2008, 28（11）: 2730-2734.

[76] 李占英, 席兰霞, 陈军, 等. 多光谱辐射测温技术测量火工烟火药剂燃烧温度[J]. 光谱学与光谱分析, 2010, 30（8）: 2062-2064.

[77] 杨世铭, 陶文铨. 传热学[M]. 北京: 高等教育出版社, 2006.

[78] HAFEZ M A, KHEDR M A, ELAKSHER F F, et al. Characteristics of Cu plasma produced by a laser interaction with a solid target[J]. Plasma sources science & technology, 2003, 12（12）: 185-198.

[79] 孙晓刚, 戴景民. 非线性最小二乘法在多波长辐射测温中的应用[J]. 哈尔滨理工大学学报, 1997（4）: 68-72.

[80] 张彩虹. 多光谱温度计的数据处理方法研究[D]. 哈尔滨: 哈尔滨工业大学, 2006.

[81] 欧阳洁, 聂玉峰, 车刚明, 等. 数值分析[M]. 北京: 高等教育出版社, 2009.

[82] SVANBERG S, METCALF H. Atomic and molecular spectroscopy: basic aspects and practical applications[M]. Berlin: Springer-Verlag, 1992.

[83] 许长存, 过巳吉. 原子和分子光谱学[M]. 大连: 大连理工大学出版社, 1989.

[84] 吴百诗. 大学物理学: 下册[M]. 北京: 高等教育出版社, 2004.

[85] 盖登. 火焰学[M]. 北京: 中国科学技术出版社, 1994.

[86] 余其铮. 辐射换热原理[M]. 哈尔滨: 哈尔滨工业大学出版社, 2000.

[87] 刘凯. 基于亚历山大效应的燃温测量研究[D]. 西安: 西北工业大学, 2013.

[88] 鲍福廷. 固体火箭发动机设计[M]. 西安: 西北工业大学出版社, 2013.

[89] 胡松启, 李葆萱. 固体火箭发动机燃烧基础[M]. 西安: 西北工业大学出版社, 2015.

[90] 苟文选. 材料力学[M]. 2 版. 北京: 科学出版社, 2010.

[91] 成大先. 机械设计手册[M]. 5 版. 北京: 电子工业出版社, 2008.

[92] 李全臣, 蒋月娟. 光谱仪器原理[M]. 北京: 北京理工大学出版社, 1999.

[93] 杨怀栋, 陈科新, 黄星月, 等. 常规光谱仪器分光系统的比较[J]. 光谱学与光谱分析, 2009, 29（6）: 1707-1712.

[94] 孙振亚, 刘栋斌, 张航, 等. 线阵 CCD 探测器主要性能的测试与研究[J]. 计算机技术与发展, 2014（12）: 226-229.

[95] 刘征. 基于 CCD 图像传感器的高温熔体温度场软测量系统的研究[D]. 长沙: 中南大学, 2005.

[96] 闫慧. 基于 CCD 的近红外光谱仪的测控系统设计[D]. 长春: 吉林大学, 2007.

[97] VERSTEEG H K, MALALASEKERA W. An introduction to computational fluid dynamics[J]. New Jersey: Pearson Prentice Hall, 2007.

[98] SCHLICHTING H, GERSTEN K. Boundary-Layer Theory[M]. New York: McGraw-Hill, 1979.

[99] DAN V N, GOMEZ S, LUNA E. Multiphase equilibria calculation by direct minimization of Gibbs free energy with a global optimization method[J]. Computers & chemical engineering, 2002, 26(12): 1703-1724.

[100] 杨丹. 固体火箭发动机气-固两相流的数值模拟[D]. 哈尔滨: 哈尔滨工程大学, 2006.

[101] 刘佩进, 白俊华, 杨向明, 等. 固体火箭发动机燃烧室凝相粒子的收集与分析[J]. 固体火箭技术, 2008, 31(5): 461-463.

[102] 张胜敏, 胡春波, 徐义华, 等. 固体火箭发动机燃烧室凝相颗粒燃烧特性分析[J]. 固体火箭技术, 2010, 33(3): 256-259.